别让人生
输给了心情

米苏 著

Don't lose to
the mood

古吴轩出版社
中国·苏州

图书在版编目（CIP）数据

别让人生输给了心情 / 米苏著 . —苏州：古吴轩出版社，2016.5（2018.1重印）
ISBN 978-7-5546-0676-6

Ⅰ. ①别… Ⅱ. ①米… Ⅲ. ①成功心理—通俗读物 Ⅳ. ①B848.4-49

中国版本图书馆CIP数据核字（2016）第080014号

策　　划：花　火
责任编辑：蒋丽华
见习编辑：顾　熙
装帧设计：荆棘设计

书　　名：	别让人生输给了心情
著　　者：	米　苏
出版发行：	古吴轩出版社
地址：	苏州市十梓街458号　　邮编：215006
Http：	www.guwuxuancbs.com　　E-mail：gwxcbs@126.com
电话：	0512-65233679　　传真：0512-65220750
出 版 人：	钱经纬
印　　刷：	大厂回族自治县彩虹印刷有限公司
开　　本：	670×950　　1/16
印　　张：	15
版　　次：	2016年6月第1版
印　　次：	2018年1月第2次印刷
书　　号：	ISBN 978-7-5546-0676-6
定　　价：	35.00元

如有印装质量问题，请与印刷厂联系。0316-8863998

前言

二战期间，维也纳知名心理学家维克托·弗兰克被关进了纳粹集中营。每当遭到惨无人寰的折磨时，他就想象着自己正在讲坛上授课，内容就是关于集中营的心理学。此时，他所受的苦难煎熬全都成了心理学研究的课题。靠着这种方法，他超越了苦难，顽强地活了下来，并且精神始终都不曾垮掉。

在所有人看来，能够安然无恙地走出纳粹营，简直就是一个奇迹。提及这段经历，弗兰克说了一句话："在任何特定的环境中，人们还有一种最后的自由，就是选择自己态度的自由。"

环境和遭遇可以摧残一个人的身体，却无法摧毁和束缚一个独立意志者的心灵。当我们感到痛苦沮丧的时候，我们不是被外界打败了，而是被负面的情绪扰乱了思维，输给了自己的心情。

生活中总会遇到不顺心的事，碰到伤害自己的人，若是为此就放弃前行的勇气，怀疑世界的真、善、美，那么人生也会犹如乌云笼罩下的黑暗，压抑不堪。心态就像磁铁，无论思想是正还是负，都会受到它的牵引。有些事情注定无法更改，但我们可以改变人生观；有些境遇注定已成事实，但我们可以改变心境。

在漫长而曲折的人生征途中，最重要的不是名利，也不是地位,而是一股乐观的心气儿。有人事业有成,家庭美满,经济宽裕,却总是愁眉不展;有人辛苦劳累多年,收入仅够维持生计,却还是笑迎人生。不是外物造就了他们的悲喜,而是心境让他们对人生、对世事有了不同的感受和认知。

生活是一碗五味俱全的汤,酸甜苦辣咸每种味道都要品尝。幸福时的欢畅、顺利时的激动、委屈时的苦闷、挫折时的悲观、选择时的彷徨都是生命不可或缺的体验。然而,无论是欣喜还是痛苦,都不可能是永恒,一切都会随着时间的冲洗而变淡。重要的是,在经历那些不愉快的时候,你能否磨砺出一颗坚强的心、一双智慧的眼,透过岁月的风尘寻觅到闪烁着光芒的星星?

美国著名社会心理学家马斯洛说过:"心态若改变,态度跟着改变;态度改变,习惯跟着改变;习惯改变,性格跟着改变;性格改变,人生就跟着改变。"愿,每一个翻开此书的朋友,都能以一份灿烂的心情生活,并将此话谨记于心:你给世界一个什么姿态,世界就还你一个什么样的人生!

目录

Chapter 1　不要伤了一次就怀疑人生，活着总会有出路

/ 002　受得住痛苦的沙子，才有机会变成珍珠
/ 006　挫折纵然无情，却能给你无尽的砥砺
/ 010　生活给予我们的，必是可以承受的
/ 013　你有权利给人生安排一个好的结局
/ 016　看似堵死的路，其实都有另外的出口
/ 019　在"无能为力"中去创造"奇迹"
/ 022　只是失败了一次，不代表你就出局了
/ 026　再难的日子，也会有过去的那一天
/ 030　换一种思维模式，凡事多往好处想想

Chapter 2　生存再怎么艰难，日子都要有它该有的样子

/ 034　苦中作乐是一辈子的必修课
/ 037　没人陪伴的时候，过好孤独的时光
/ 040　生活过的不是房子，而是一种心情
/ 043　缺钱并非不幸的根源，快乐是免费的
/ 046　永远不要用"熬"的态度去过日子
/ 049　烦恼的事再多，都别留给漆黑的夜
/ 053　就算输掉了所有，也要记得微笑
/ 056　生活风雨交加，心有一片晴空
/ 060　简单的生活，一样可以过得精致

Chapter 3　笑对世俗，顺其自然是最好的态度

/ 064　一味地迎合别人，会失去自己的格调

/ 068　别因为一两句嘲笑的话就沮丧不已

/ 071　谁人背后无人说，真的不必太介怀

/ 074　你有你的人生，我有我的旅程

/ 077　嫉妒和贬低别人，不会让你变得更强

/ 081　抛弃虚荣，人生才会活得坦荡从容

/ 085　处处算计未必就能过上好日子

/ 088　为人处世，用不着斤斤计较

Chapter 4　不浮躁，冷眼看尽繁华，平淡对待得失

/ 092　感情面前，把功利心放下一些

/ 095　切莫让外界的诱惑搅乱内心的安宁

/ 098　克制住欲望，才会有真正的自由

/ 101　生命里有比金钱更重要的东西

/ 104　坚守人生的底线，别输给贪念

/ 108　别用错失的感情捆绑整个人生

/ 111　得失看淡一点，人生就可以不苦

/ 114　戒骄戒躁，路要一步一步地走

/ 118　努力追求更好，不要被名利所累

Chapter 5　控制好自己的情绪，才能掌握自己的命运

/ 122　不要被负面情绪牵着鼻子走
/ 126　活着，从来都不是为了生气
/ 129　冲动是最无力、最糟糕的选择
/ 132　多忍耐一点儿，你不会失去什么
/ 135　发泄情绪时，切不要伤人伤己
/ 138　再忙再累，也要给自己喘息的机会
/ 142　告别郁郁寡欢，悲愁不再悠悠
/ 145　放下所有的嗔怨，一切都是美好的
/ 148　扔掉你的自卑，这世界其实没什么

Chapter 6　世事本不完美，笑着去化解心中的惆怅

/ 152　每个人都要做不完美的自己
/ 155　追随自己的心，做想做的事
/ 158　接受生命中的残缺与悲伤
/ 161　不干涉别人，也不苛求自己
/ 164　把目光从别人的生活中收回来
/ 167　无须逞强，接纳自己脆弱的一面
/ 170　感情里最伤人的，莫过于挑剔

Chapter 7　　　　　绝美的风景在心里，绝好的时光在此刻

/ 174　　　　　　　黑暗与光明都来自心灵

/ 177　　　　　　　用心体味生活中的点点滴滴

/ 180　　　　　　　活着的每一天都是好日子

/ 183　　　　　　　用心去感受过程里的美好

/ 187　　　　　　　所有不开心都是对生命的辜负

/ 190　　　　　　　追逐日光，热爱当下的生活

/ 193　　　　　　　学会享受平淡，珍惜平淡

/ 196　　　　　　　想去做什么事情，抓紧去做

Chapter 8　　　　　平静不是避开喧嚣，而是在心中修篱种菊

/ 200　　　　　　　生命还有什么，就去享受什么

/ 203　　　　　　　越是简单的生活，越容易快乐

/ 206　　　　　　　别人怎么说，真的无关紧要

/ 209　　　　　　　随物而喜，不如随心而乐

/ 213　　　　　　　在豁达中体味生活的幸福

/ 216　　　　　　　排除一切杂念，宁静以致远

/ 219　　　　　　　内心越知足，生活越富足

/ 223　　　　　　　换一个环境，不如换一份心情

/ 226　　　　　　　慷慨地与人分享，你也会快乐

不要伤了一次就怀疑人生，活着总会有出路

不要伤了一次就怀疑人生，
不要急着给自己的一生定局，
你要相信每一个故事都有一个美好的结局，
如果现在还不够美好，
说明它尚未结束。
心若向阳，
无畏悲伤。

Chapter 1

受得住痛苦的沙子，才有机会变成珍珠

生活从来就不是一条笔直的路，总会弯弯曲曲，跌跌撞撞，任何人都避免不了。在这段艰难的旅途中，没有谁可以替代谁行走，唯有自己试探着前行，让柔弱的心日渐变得强大。从痛苦中汲取了养分，才能找寻到对的方向。

20岁那年，阿卡在BBS上认识了一位女网友。她和阿卡住在同一座城市，年龄相仿，兴趣相投，故而相谈甚欢，后来很自然地就约出来吃饭。没想到，就在饭后逛街时，阿卡突然腹痛不止，网友连忙打车将她送到医院，医生诊断是急性肠炎。谁也不知道会发生这样的事，阿卡那天只带了300块钱的现金，一顿饭钱就花去了大半。这时候，好心的网友默默地给她垫付了医药费。

阿卡的父亲一直在部队任职，她读大学后，母亲也随父亲一起在外地工作。平时，阿卡都住在宿舍，只有周末才会回家，偶尔也会觉得有点孤单。看着网友那张带着稚气的脸，还有刚刚为自己垫付医药费的热心，阿卡主动提出来："你一个人在外面租隔断间，始终住得不舒服。我现在就一个人住，不如你搬来我家，和我做个伴。"

就这样，女网友成了阿卡的新室友。两个人相处了一个月，就像亲姐妹一样亲，共用化妆品、日用品，一起做饭、看电影、逛街、谈心，以往

觉得漫长无聊的日子，突然变得有意思多了。暑假很快来了，阿卡想去外地看看父母，顺便到重庆去玩一圈，网友称自己经济拮据，无法跟她同行。

旅行归来后，阿卡懵了：她的包包、衣服、化妆品全都不翼而飞，只剩下一瓶洗发水。单纯的阿卡很气愤，她恨自己想得太简单。这么长时间，她只知道这个女网友叫"姗姗"，从未问过她的真名，也没看过她的证件。

善良的阿卡遭遇的背叛和欺骗不只这一次。

阿卡的一位大学室友，生活在单亲家庭，家境不好。阿卡一直私下帮她，比如会送一些吃的、用的东西给她。有一次，室友向她借钱，说家里有急事，阿卡便慷慨解囊，拿出父母打给她购置书柜的1000块钱。后来，阿卡发现，室友借钱不是为了接济家里，而是把钱给了一个好赌的男人。她劝过室友离开这种瘾君子，室友表面答应，事后却又以各种借口欺骗阿卡，向她借钱。最终，阿卡发现了真相，对室友彻底失望，而那些借出去的钱，也再无音信。

大学毕业后，阿卡拒绝了父母的安排，想依靠自己的能力找到立足之地。然而，看似广阔的、机遇重重的世界，却没有她想象中那么慷慨，寻觅了许久都被拒之门外。阿卡脆弱的自尊被狠狠地挫伤了，她这才意识到，现实与理想的差距真的很大。

几经周折，阿卡进入一家小公司做设计。说是设计，其实工作很琐碎。她没有抱怨，经历了多次被拒后，她已经明白，新人都要从最底层做起，每个人都不例外。

在入职前，有人提醒过她，职场风起云涌，要谨慎再谨慎。听得再多，终究不是自己经历的，许多事情只有亲身体验了，才刻骨铭心，彻底领悟。

那次，阿卡把自己苦思冥想的设计方案告诉了一位同事，本想跟对方沟通一下，不料对方却说自己才华有限，给不了什么好的意见。阿卡没多想，就埋头自己琢磨。当她终于觉得自己的方案已经能作为一份满意的答卷交给上司时，上司却说"你这份设计跟××的想法如出一辙"，说着就递过了另一份设计书。

阿卡愣住了，那份方案跟自己做的非常像，但比自己这个更为缜密，更吸引人。直觉告诉她，对方的框架和思路，绝对是"抄袭"自己的。可这种事情，口说无凭，也不能说，只能藏在心里。阿卡总算清楚了，有些人可以信任，是愿意真心帮你的，但有些人却是别有用心，只想在有限的空间里占据上风。

交友不慎，遇人不淑，一颗善良的心被伤害、辜负；心存志远，想靠自己的翅膀去追寻梦想，却找不到可以停靠的地方；想用实力去证明自己的才华，却在不知不觉中被人算计。所有在头脑中预演的美好，在这一幕幕残酷的现实面前，统统被击碎……和所有不谙世事、遭遇挫折的人一样，阿卡也有过怨恨、委屈、愤怒，甚至想要逃避，但最终她也跟那些把负担变成礼物的人一样，在痛苦中升华了自己。

岁月如梭，一晃儿，阿卡已经迈进了30岁的世界，她变得平和了，也成熟了。看到周围那些二十几岁的男生、女生怨天尤人、厌恶挫败的时候，她仿似看到了从前的自己，总会笑笑说："没有谁的青春是踩着红毯走过的。年轻时吃点亏，受点累，尝点苦，不是什么坏事，经得起这些东西，你才能从沙子变成珍珠。"

只有把痛苦融化在心里，变成生命的养分，才能在人前云淡风轻地说起过去。我们总是奢望一开始就成为耀眼的珍珠，却不知珍珠并非与生俱来，而是经历了漫长的煎熬之后形成的。只有被关在厚厚的蚌壳里，被一种叫作"珠母"的分泌物层层包裹，忍受暗无天日的生活，忍受疼痛的煎熬和无名的孤独，三年，五年，十年，也许更久，一粒沙子才可能化为一颗晶莹剔透、价值连城的珍珠。

　　无论你从前经历过什么，或是此刻正经历着什么，请不要怨恨苦难和挫折。没有深夜痛苦过的人，不足以谈人生；没有经历过痛苦的生命，也难有厚重之感。世间多少优秀的人，都是在经历了痛苦迷茫之后，才醒悟般地走向了明天，拥有了璀璨的未来。你要相信，今天咽下的苦，总有一天会照亮你的路。

挫折纵然无情，却能给你无尽的砥砺

曾在某篇文章中读到过这样一句话："在白天，我们所能看到最远的东西是太阳，但在夜里，却可以看到超过太阳亿万倍距离以外的星体，而且不计其数。"

细想人生，何尝不是如此？在顺风顺水的时候，领悟到的不过是生活的一个侧面。当人生陷入黑暗的困境中时，心灵却好似多了一双眼睛，能够穿透黑暗，领悟到更多。挫折无疑令人痛苦，可若能在挫折中擦干眼泪，继续前行，就能快速地成长，变得更强。

一位企业界有名的大亨，40岁之前过着一穷二白的日子，没有谁看得起他。四处求职受阻，生活捉襟见肘，在生存的压力下，他只好硬着头皮自己做点小生意。从开始的门可罗雀，到后来逐渐有了回头客，再到后来能雇得起员工……历经十几年，他把最初的小作坊经营成了一家资产达千万的大企业，这样的发展速度实在惊人。提到自己的成功之道，他说："我成功的一个重要因素就是，我经历了太多的挫折。如果不是从前那么苦，我很想像其他人一样过上安稳宁静的日子，我绝不会想到去创业，更不可能一路披荆斩棘走到今天。从这一点来说，挫折就是我的本金。"

英国著名作家塞缪尔·斯迈尔斯先生曾直言不讳地提醒我们："如果生活只是晴空丽日而没有阴雨笼罩，只有幸福而没有悲哀，只有欢乐而没有痛苦,那么,这样的生活根本就不是生活,至少不是人的生活。"挫折是人生的一部分。你可以当它是绊脚石,跌倒了退回到原点,从此画地自限;也可以当它是前进的动力,让它化为成功的垫脚石。

在奥斯卡颁奖舞台上,她的侃侃而谈吸引着所有观众的目光。长达3个小时的直播,因为她的存在,变得有趣而激动人心。她就是美国著名脱口秀节目主持人艾伦·德杰尼勒斯。

艾伦的幽默犀利,洋溢在脸上的笑容,以及"全美最滑稽的人"的称号,很容易让人产生一种错觉:她的成长环境和生活一定很不错,不然怎么会笑得如此动人?可是,真实的艾伦并没有那么"幸运",她的口才完全是从挫折中锻炼出来的。

13岁那年,因为父母离异,艾伦跟随妈妈一起生活。失败的婚姻、生活的压力,让艾伦的母亲患上了重度抑郁症。有一天早上,艾伦起床后准备到厨房做早餐,却惊讶地看到妈妈呆呆地站在厨房里。事实上,妈妈已经很久没有给她做过早餐了。当艾伦好奇地走近一看,才发现妈妈正准备用水果刀割腕自杀。自那以后,艾伦把家里所有的刀都藏了起来。

为了让妈妈走出抑郁,艾伦特意请教过医生。在医生的建议下,她每天放学后都会给妈妈讲一些学校里发生的事,试图缓解她的抑郁情绪。单纯的讲话并没有引起妈妈的注意,于是艾伦就在语言和动作上下功夫,尽可能地把故事讲得幽默一些。到后来,每天取悦妈妈就成了艾伦生活中最重要的一件事。

艾伦喜欢看书,经常从书中发掘一些好故事讲给妈妈听。渐渐地,这种举动不仅让妈妈的病情得到了好转,也让艾伦的口才得到了锻炼。她喜欢上了这种表演形式,在学校的晚会上,她时常把生活中发生的一些事编成脱口秀表演给大家看。

大学一年级后,由于生活拮据,艾伦只好退学。为了养家,她开始四处打工，做过饭店服务员、领班、酒保，也卖过吸尘器，做过油漆工。有一天，她在下班途中看到一家咖啡馆正在招聘脱口秀演员，就去面试了，并顺利被录取。可惜，观众似乎并不买账，不久后她就被辞退了。

失去工作的艾伦很沮丧，这次轮到妈妈安慰她："我看过一句话，说每一次挫折都是一种成功。因为你在这次挫折里，明白了下一次怎样才不会重蹈覆辙。日积月累，挫折就成了成功的奠基石。"艾伦听进了这番话，第二天又鼓足勇气去找自己喜欢的脱口秀工作。

在艾伦的坚持和努力下，她终于找到了一家认可自己的俱乐部，并跟随剧组到美国各地演出。偶然的一次，她得知电视台要举办喜剧小品大赛的消息，就连忙报了名。在这次比赛上，艾伦凭借自己的机智幽默和高超的表演，夺得了冠军，赢得"全美最搞笑的人"的称号。从此，她的舞台转移到了电视台，从一个俱乐部的表演者变为喜剧演员。

后来，艾伦凭借自己的主持特色，成为美国众多电视脱口秀节目争相邀请的搭档，她还出演了一些电影，只不过都是配角。直到1994年，艾伦出演了一部以自己名字命名的电视剧《艾伦》，她的戏剧才华得到了充分的展示，并荣获两项美国艾美奖提名。2003年，她凭借自己的实力争取到一档以自己名字命名的脱口秀节目《艾伦》，深受观众追捧。

如今的艾伦已经赢得了14个艾美奖，并成为《福布斯》全球名人榜上的人物。她今天的所有成就，都源自年少时候那段苦涩的时光，本是抱着给妈妈治疗抑郁症的初衷去学幽默、讲故事，却在日复一日的坚持中磨炼出了特有的口才技能。如果那时的艾伦过着和普通孩子一样的生活，不必去承受那些苦痛，或许也就没有后来的一切了。

维也纳心理学分析家海因茨·科胡特曾经说过："假如一个人在成长的过程中，经历了一些挫折，那么他就有了必要的心理准备，去面对未来生活的严酷现实；那些要什么有什么，在精心呵护中长大，从未经历过任何考验的人，由于没有学到应对困难的本领，很可能会因挫折而一蹶不振。"在后来的调查中，海因茨也证实了自己的推论，那些终有成就者，绝大多数都是从挫折的荆棘中站起来的人。

每个人都无法预知在未来的生活中会发生什么，但有权利选择自己对待意外的态度。你可以不喜欢挫折，也可以在遇到挫折时哭泣，但决不能屈服，更不要去怨恨。挫折不总是无用的，当你把它视为一种砥砺时，挫折就会成为转折。

生活给予我们的，必是可以承受的

当王子看到街头穷苦的乞丐时，脸上都会露出难以置信的表情，皱着眉头说："如果有一天，我的生活也变成那样，我真的受不了，宁愿死去。"

多年后，王子的国家遭遇变故，他被迫沦为乞丐。当他穿着肮脏的衣服，蓬头垢面地在街上乞讨时，有一个人也说了他当年说过的话。此时的王子很淡然，他笑着说："如果有一天，你成了我这样，你也会生活下去的。"

我们都习惯在有些事情尚未发生的时候，就凭空做出一种假设，想象着有些事情一旦发生，有些东西一旦失去，生活就将无法继续。然而，当事情真的发生了，我们才会明白，只要不放弃生命，没有什么是不能承受的。

一位不贪图物质享受，追求真挚爱情的姑娘，在遇见心爱之人的那一刻，把整个心都交付给了对方。她的想法很简单，就只是"愿得一人心，白首不相离"。可当结婚的事宜被郑重其事地排上了日程后，未婚夫却移情别恋了，选择了一个有家庭背景，能给他谋得稳定工作的女孩。相恋三年的男友，就像挥别路人一样跟她说了再见。

失恋的那天晚上，姑娘失魂落魄地在街上走着，哭得像个傻瓜。就在前一天，姑娘还在畅想着他们的未来，暗下决心要努力工作，攒钱买一栋小房子。这些心情还没来得及跟他分享,就直接被憋死在心里,那种疼痛感,让她难以忍受。姑娘心灰意冷,只觉得这辈子可能都不会再爱了。

时隔两年,姑娘如愿以偿地穿上了婚纱,挽着另一位男士的手臂,在一所教堂里举办了婚礼。是的,她遇到了可以托付一生的人,遇到了一个爱她胜过爱自己的人。婚礼上,笑靥如花的她幸福极了,两年前那个狼狈痛苦的夜晚早已烟消云散。

相比失去爱情的痛,有一种伤似乎更彻骨,那便是与至亲至爱者的死别。一切就像电影台词里所言的那般:"人生到头来就是不断地放下,但遗憾的是,我们却来不及好好道别。"

常年在外出差的一位工程师,趁着难得的休假带着妻儿外出游玩,不料途中却遭遇车祸,妻儿当场身亡。重伤的他被送往医院急救,醒来时已经是一天以后了。曾经最亲近的两个人,如今与他阴阳相隔,他失态地痛哭,像被人剜了心一样。

整整一年的时间,他都无法正常生活、工作,睁眼闭眼全是妻儿的笑貌。家,早就不是从前的模样了,空气里都透着一股子悲凉。他记不起多久没进过厨房,没好好地吃过一顿饭,累了就躺下睡会儿,梦里也全都是妻儿的影子。只有那一刻,他才会笑,因为爱的人还"活着",可当意识恢复了,知道一切只是梦的时候,眼未睁开就已蒙眬。

然而,有那么一天,他看到年迈的母亲弯着腰在卫生间里给自己洗衣服,看到头发全白、一辈子都没进过厨房的父亲给自己煲汤,他用力咬着嘴唇,不让自己哭出声来。其实,六十几岁的父母,又何尝不难过?可既然活着,不管怎么难,总得让这件事"过去"。也就是从那天起,他带着一颗滴着血的心,顽强地站了起来,重新回归到生活的轨道中。

10年后,他再次成了家。妻子从他口中得知这一切时,眼泪抑制不住地往外涌。他,却是一脸平静,像是一个局外人。他没有忘记逝去的妻儿，只是很清楚，身边还有那么多爱自己和值得珍惜的人。沉沦在昨天的阴影中不肯出来，永远看不到今天的阳光。

还有一个三十几岁就因脑血栓导致半身不遂的女子，生病的前两年，丈夫待她还不错，照顾得也很周全。然而，当他发现再怎么精心地照顾也无法让她变得和从前一样时，他彻底失望了，言辞举动中开始夹杂着不耐烦。她也知道，是自己拖累了他，但凡力所能及的事都不再开口求他。这样的婚姻状态又维持了3年，之后两个人便离婚了。8岁的女儿坚定地要跟着她，说"妈妈需要人照顾"。

生病前的她经营着一间裁缝店，如今的状况也不容许她重操旧业。残酷的现实告诉她，没有时间去哀怨，必须要振作起来。她低价转让了裁缝店里的东西，开始做福彩销售。从前她是家里家外的能手，现如今洗衣、做饭、操作电脑，完全都得重新学。有时，摔坏了东西，打错了数字，她也会懊恼抱怨，掉眼泪，指责命运的不公。可生活总要继续，除了咬牙坚持没有别的选择，更何况她还要抚养女儿。

几年过去后，她依然一个人带着女儿。但此时的她，早就摆脱了当年的无助，已经完全适应了疾病带来的不便，可以得心应手地去处理许多事情，生意也做得越来越好。

许多事情尚未发生时，我们总会想到，若真如此就会天塌地陷；许多不幸刚刚降临时，总觉着这辈子都挨不过这道坎儿了。可当一切成为事实，赤裸裸地摆在眼前，再无任何可选择的余地时，我们都会全盘接受。所以，无论什么原因；什么境况，既然走到了这一步，就多给自己一点肯定和信心。要知道，你比自己想象中坚强得多。

你有权利给人生安排一个好的结局

人生是一幕戏,由纷繁复杂的情节串联而成,剧中难免会有悲喜的桥段。但是不要忘记,你是生活的总导演,你有能力给故事安排一个好的结局,让所有的不美好都成为一种经历。

美国宾夕法尼亚州匹兹堡市的一位中年女性,原本过着平静、舒适的中产阶级生活,不料接二连三的厄运找上了她,彻底搅乱了她的生活。先是丈夫在一次意外事故中身亡,留下无所依靠的她和两个孩子;没过多久,大女儿又被烤面包的油脂烫伤了脸,医生告知她,伤口很快就能愈合,但脸上会留下疤,身为母亲,她既心痛又自责;为了维持生活,她去做售货员,可还没做多久,就失业了;原本丈夫还给她留了一份小额保险,够维持一段时间家用,但烦心的事太多,让她错过了最后一次保费的续缴期,为此保险公司拒绝支付保费。

生活一向静如湖水的她,在短时间内遭遇了这么多的厄运,心理上根本承受不住。有那么一段时间,她近乎绝望了,不知道接下来的日子要怎么过。年幼的女儿并不知道母亲背负着巨大的压力,她们只知道家里不像从前那么温馨了,没有了爸爸的身影,也少了妈妈往日爽朗的笑声。见妈妈沮丧地坐在房间里,两个女儿依偎在她身边,用稚嫩的声音说道:"妈妈,我想你像从前那样陪我们玩,给我们讲故事。"

望着女儿的脸，女人突然意识到，自己不该就这样向现实投降，虽然失去了那么多，但还有女儿，还有明天。她决定，继续找保险公司，努力获得赔偿。

在此之前，她一直都在跟保险公司的基层员工打交道。当她提出要跟经理谈谈时，接待员却告诉她经理不在。她站在保险公司的门口不知所措，就在这时，接待员因事离开了办公桌。机会来了，她毫不犹豫地走进了办公室，结果看到，保险公司的经理就在那里坐着。

经理很有礼貌地问候了她，这也给了她莫大的鼓舞和信心。她冷静而真诚地讲述了自己在索赔时遇到的各种难题，经理也都听了进去。随后，经理派人去取她的保险资料，仔细查看。从法律上来讲，公司的确没有承担赔偿的义务，但经过再三思索，这位善良的经理还是决定要以德为先，给予赔偿。

保险赔偿金的问题就这样得到了解决，她也暂时松了一口气。然而，好运并没有就此终止。那位保险公司的经理对她一见倾心。事后，他给她打了电话，以朋友的身份送去问候，在了解了她的一些生活状况后，他还为她介绍了一位皮肤科医生，顺利替她的大女儿做了清除疤痕手术。接着，经理又介绍她去一家大百货公司上班。她的生活又逐渐恢复了原来的平静。半年后，经理向她求婚，而她也笑着答应了，再次拥有了一段幸福的婚姻。

当遭遇了厄运时，许多人都会把这个坏的开始当成结局，以为生活也就如此了。之所以会有这样想法，往往是因为过往的生活太顺利，而把平坦和顺利当成了必然，却不知道起伏才是人生真正的基调。没有哪一部影片是平铺直叙的，往往都是情节越跌宕起伏，迸出的精彩和意外越多。生活也是一样，你无法预知会碰到怎样的境遇，但你可以选择对待境遇的态度，还可以竭尽所能去为每件事安排一个好的结局。事实上，我们每个人都具备这种逆转人生的能力，前提是你有一颗不轻易认输的心。

多年前，一家纺织厂因效益不好裁员。这些下岗人员中有两位40多岁的女性，一位是厂里的工程师，另一位则是普通女工。论学历和才能，前者无疑比后者更有竞争优势，可事实却并不是这样。

女工程师下岗的消息一传出，就成了全厂的热门话题。在20世纪80年代受过高等教育的人并不多，对于这样的人生变故，女工程师也是耿耿于怀，觉得太丢人。她怨过、恨过、骂过，到后来闷闷不乐、孤独忧郁，不愿意见任何人。原本有高血压的她，身体变得更糟，满脑子想的都是下岗之事对自己的不公，根本没心思再去尝试其他工作。结果，到了50多岁时，她竟患上了脑血栓，瘫倒在床上。

普通女工很想得开，认为既然别人没工作都能生活下去，自己也不至于无路可走，甚至有可能比以前过得更好。她平静地接受了下岗的事实，开始认真琢磨今后要做点儿什么。说来也怪，她过去从没留意过自己有什么长处，可如今却发现自己在烹调方面是一把好手。在家人和朋友的支持下，她开了一家小饭馆。没想到，因为价格实惠，饭菜的味道可口，小饭馆的生意特别好。一年下来，她不但还清了借来的本金，还有盈余。现如今，她的饭馆已经成了一家可容纳上百人的饭店，而她也着实过上了比在工厂上班时更好的日子。

有人说过："每一个故事都有一个美好的结局，如果现在还不够美好，说明它尚未结束。"所以，当生活陷入泥泞的沼泽中时，不要急着给自己的一生定局，鼓足勇气把自己从悲伤和沮丧的黑暗中拯救出来，你有权利并理当努力，给自己的人生规划一个精彩的结局。

看似堵死的路，其实都有另外的出口

每每打开网页，都会看到令人惊心的消息：少年因学业轻生，青年因爱情堕落，中年因事业颓靡……是什么让他们选择用如此极端的方式对待生命？我们听到的回答往往是"没有办法""不知道怎么办""只想一了百了"。

生活真的走到"绝路"了吗？真的退无可退，没有回旋的余地吗？答案无疑是否定的。真正绝望的永远不是生活的境遇，而是人心。没有谁的一生是波澜不惊的，苦难挫折总会时不时地荡起涟漪，甚至激起浪花。当不美好的事物像巨石一样挡住视野时，只要静下心来，总会找到新的出路。怕就怕，直接被巨石吓得乱了方寸，尚未努力就向生活举起了白旗。

一位在商界中打拼多年的企业家，事业风生水起，家庭安稳幸福。不知是上天想给他再多一些考验，还是他在安稳中松懈了警惕，一次失误的判断，使他在生意上出现了巨大的亏损。依照合同，他不仅拿不到应得的货款，还要赔偿对方一大笔钱。多年的努力，一夜之间就化作了乌有，原本衣食无忧的家开始债台高筑，每天都有人上门来要钱。

这样的日子持续了两个月，企业家和妻子都已到了崩溃的边缘，但凡门铃一响，两个人的心就会揪成一团，生怕会有鲁莽冲动者进来打砸，或是做出其他对他们不利的事。恐惧感和内疚感交织在心里，企业家再也承受不住，遂起了轻生的念头，想到只要自己眼睛一闭，也就一了百了了。

那天，企业家对妻子说想出去透透气，然后就来到了桥边，猛地跳了下去。当时桥边的行人比较多，好心人及时将他救起。醒后，他却吵嚷着埋怨起救他的人，怪对方多管闲事，周围的人都觉着他不可理喻，纷纷斥责他不识好人心，精神不正常。其实，他倒希望自己真是精神病呢，那样就不会这么痛苦了，如今连死也不行，真是天意弄人啊！

他周身湿漉漉地在街上走着，脑海里突然想到了自己许久未见的一位老友。此人曾经也经商，几年前退出商界在郊区买了一栋房子，过起了恬淡的生活。或许，找他聊聊能让自己走出这场迷局吧！

他开了两个多小时的车，抵达了朋友的住处。讲明来意后，朋友放下手里正在修剪花草的工具，不紧不慢地说："走吧，咱们去散散步，这里山清水秀，值得看看。"落魄的企业家其实并不想去，他在心里嘀咕着："我都无路可走了，哪儿有闲情雅致去散步？"可尽管这样想着，他也不好意思驳朋友的面子，只得跟在对方后面慢慢走着。

曲径通幽，两旁古树参天，风景甚是好看。朋友看起来心情很不错，似乎并未把他来时倾诉的遭遇放在心上。步行小许，朋友突然停了下来，指着前面说道："你看，这条路是不是走到头了？"企业家一看，再往前走就是山崖了，点点头说："是，咱们回去吧！"

朋友似乎并未有掉头的想法，而是迈着悠然的步子，继续往前走。到了路的尽头，他才止住脚步，回过头对企业家说："看来，咱们还能再散会儿步。"他指着原路尽头旁边的一条岔道，又说："看旁边这条路，不照样可以走。"

企业家若有所思，而后说道："是，看似无路，其实还有路。"朋友听到这番话，面露笑意，意味深长地说："老兄啊！很多时候，咱们都以为临近尽头，没有路可走了，其实继续往前走，继续寻找，可能就会有另外的出路。"

朋友的这席话，彻底浇醒了颓靡中的企业家。离开朋友家的时候，他脸上的愁云已经散去，取而代之的是久违的笑容。行驶在高速公路上，车里的音响飘出刘欢的声音："心若在，梦就在……只不过是从头再来……"

巴尔扎克说过："世界上的事情永远不是绝对的，结果完全因人而异。苦难对于天才是一块垫脚石，对于能干的人是一笔财富，对于弱者是一个万丈深渊。绝境能造就强者，也能吞噬弱者。"

看那飞流直下的瀑布，恰恰是在没有退路时形成的；再看那闪烁的繁星，也正是在黑夜降临后才散发出光芒的。生活会有令人无奈的困境，与其把它视为绝境，在绝望中沉沦，倒不如将其视为磨难，在历练中醒悟和升华。

记得一则故事里讲到，禅师带着几个小沙弥到一处绝壁前，问道："如果前面是悬崖，后面是深渊，你们往何处去？"众徒弟凝神思考的时候，最小的一个沙弥说："我往旁边走。"师父听后，会心地笑了。

任何事情，一味地钻牛角尖都只会变得更糟。人生的困境，很多时候都是自己编织出来的蜘蛛网，那些所谓的绝境，也不过是内心创造出来的假象。上天不会让任何人无路可走，只有内心的恐惧和绝望，才会逼人走入绝境。在未来的日子里，在你陷入生活的沼泽地时，请用A.J.克朗宁的这番话，给自己一点信心和希望吧——

"生活不是笔直通畅的走廊，让我们轻松自在地在其中旅行。生活是一座迷宫，我们必须从中找到自己的出路。我们时常会陷入迷茫，在死胡同中搜寻，但只要我们始终深信不疑，有一扇门就会为我们打开。它或许不是我们曾经想到的那一扇门，但我们最终将会发现，它是一扇有益之门。"

在"无能为力"中去创造"奇迹"

　　1940年6月23日,美国一位黑人妇女诞下一名女婴,取名威尔玛·鲁道夫,她是这个贫困家庭中的第20个孩子。生活的拮据毋庸置疑,更不幸的是,威尔玛在4岁时患上了双侧肺炎和猩红热,在当时的医疗条件下,两种疾病都是致命的。

　　母亲抱着威尔玛四处求医,医生们见过后都摇头叹息,觉得生存的希望不大。然而,这个瘦小的女孩竟然抵挡住了病魔,从死神手里夺回了一条命。只不过,她因猩红热引发了小儿麻痹症,导致左腿残疾。自那以后,威尔玛只能依靠拐杖来行走。

　　对一个年幼的孩子来说,这样的变故是很可怕的,她不仅要面对生理上的不便,更要承受心理上的折磨。尤其是看到同龄的孩子们追逐奔跑时,她平生第一次对生活感到了失望。幸好,在那段灰暗的日子里还有母亲的陪伴,这位有着20个孩子的母亲,把她大多数的心血都倾注在威尔玛身上,不停地鼓励她,希望她能够超越痛苦。

　　母亲的鼓励没有白费,威尔玛渐渐找回了对生活的希望,并有了一个大胆的梦想。她对母亲说:"我想比邻居家的孩子跑得快,不知道这个梦能不能实现。"向来乐观坚强的母亲,在听到女儿说出这句话时,还是忍不住掉下了眼泪。她心里知道,孩子的梦想可能永远只是个梦,除非有奇迹。

后来，母亲从朋友那里听说了能够治疗小儿麻痹的方法，就是泡热水和按摩。母亲每天坚持给威尔玛按摩，也号召家里人有空就来帮忙。她还四处打听治疗此病的偏方，买来各种草药给女儿涂抹。

终于，威尔玛9岁那年的一天，奇迹出现了。她扔掉了拐杖，站了起来。两年后的那个夏天，威尔玛看到几个哥哥在院子里打篮球，一时间入了迷，竟脱下笨重的钉鞋，赤脚去跟哥哥们玩篮球。大家都惊呆了，没想到威尔玛居然可以走路了。那天，她赤着脚在院子里走来走去，好像要把过去那些年没有走过的路都补回来。

13岁那年，威尔玛做了一个大胆的决定：参加中学举办的短跑比赛。老师和同学都知道她患过小儿麻痹症，直到现在腿脚也不是很利落，害怕她出现意外，就好心劝她弃赛。威尔玛的态度很坚决，老师只好让她的母亲来劝说。然而，母亲很支持女儿，说："她的腿已经好了，让她参加吧，她很想超越自己。"

比赛那天，威尔玛的表现很惊人，她凭借毅力一举夺得了100米和200米短跑的冠军，成了校园里的奇闻。从此，威尔玛喜欢上了短跑，想办法参加所有的短跑比赛，也总能拿到不错的成绩。同学们不知道威尔玛怎么会从腿脚不灵便变得跑得如此快，但家人和威尔玛知道，这份成功的背后有着怎样的艰辛。倔强而坚强的威尔玛，为了实现比邻居家孩子跑得快的梦想，每天早上坚持练习短跑，就算小腿酸痛发胀，也不放弃。

在1956年的奥运会上，16岁的威尔玛参加了4×100米的短跑接力赛，并与队友一起获得了铜牌。1960年，威尔玛在美国田径锦标赛上以22秒9的成绩，创造了200米的世界纪录。在当年举办的罗马奥运会上，她迎来了自己体育生涯的巅峰，在100米、200米和4×100米的比赛中，连获3枚奥运金牌。

当医生对威尔玛的病感到无能为力时，她的生存意志力创造了奇迹；

当多数人对小儿麻痹症导致的腿部残疾感到无能为力时，她的母亲和家人用按摩和坚持创造了奇迹；当所有人都对威尔玛的跑步心愿感到无能为力时，她却用努力创造了奇迹。

和威尔玛经历相似的，还有一个被大火烧伤的男孩。躺在病床上的他，依稀听到医生告诉母亲："这孩子下半身伤得太厉害了，活下去的希望很小。"对生的强烈渴望，使他熬过了最关键的危险期，但很快医生又告诉其家人："保住性命对他来说也未必是好事，这孩子可能这一生都无法再站起来。"这时，他在心里暗暗发誓，一定要起身走路，不做残废。

出院后，母亲不间断地为他按摩，而他那两条细弱的腿却没有任何知觉。即便这样，他也不曾动摇要走路的决心。有一天，天气格外好，他望着灿烂的阳光突然萌生了一个想法。接着，他奋力地让身体离开轮椅，拖着无力的双脚在草地上匍匐前进。一步一步，他爬到了篱笆墙边，然后用尽全力扶着篱笆站了起来。

自那天以后，他每天都扶着篱笆练习走路。时间久了，篱笆墙边便多了一条小路。他的目标很坚定，就是要锻炼双脚，甩掉那种无力感。靠着钢铁般的意志，他最终重新站了起来，然后又像孩子一样，学会了走路和奔跑。

著名残疾人励志演讲家尼克·胡哲有一句名言："如果发现自己不能创造奇迹，那就努力让自己变成奇迹。"世界上没有那么多"不可能"，就算是被宣判了"死刑"，只要你有自信和毅力，同样可以扼住命运的喉咙，让上天改判！

只是失败了一次，不代表你就出局了

北漂女孩陈菲，三年前揣着明星梦来到北京。开始，她总在北影制片厂附近转悠，希望能有个导演或是制片人看中她这支潜力股，许多演员都是这样出道的。但后来她发现，在这个人才济济的城市里，遍地都是金子式的人物，要让人发现自己身上这点微弱的光芒，实在太难了。看着一天天瘪下去的钱袋，她知道必须得找一份能养活自己的工作了。

北影制片厂附近的店铺，人员基本上都饱和了，她挨家挨户地问，把条件放到最低，只要包吃住就行。可多数老板都笑着告诉她，他们会给工资，但不提供食宿。就在她正发愁的时候，一家小小的咖啡店"收留"了她。

陈菲欢欣雀跃了半天，心想咖啡馆一定比其他地方更有机会邂逅伯乐。可接下来的几天，她的心情就没那么兴奋了，她发现现实中的导演和制片人其实也都跟普通人一样，没有鸭舌帽，没有标志性的马甲。虽然每天都会有很多北影制片厂的员工来这里，但她没有火眼金睛，一个也认不出来。

就在她感到沮丧不已的时候，居然意外得到了一次试镜的机会。那天，一个40岁左右、身上散发着文艺气息的男人，在咖啡馆里翻阅着文件，愁眉不展。陈菲给他递上咖啡，会心一笑，没想到对方的眉头舒展开来，笑问："姑娘，有做演员的想法吗？感兴趣的话，这两天可以去试镜。"

陈菲的心都快跳出来了，尽管她得知那只是一个非常小的角色，可毕竟是难得的机会。第二天，她就去了指定的地点试镜。到了那里她才发现，试镜的还有几个女孩子，而她排在最后。待前一位女孩子出来，而她尚未接到指示进去的空隙间，她听到了屋里两个人的谈话。原来，这个角色早已内定了，就是导演的侄女。所谓的试镜，不过是给一些人看的，走个过场而已。

试镜结束后，陈菲蔫头耷脑地回到咖啡馆，整个人都心不在焉的。那天，她比往常更容易出错，给客人上错了咖啡，拿错了甜点，找错了零钱……终于熬到了下班，她拖着疲惫的身体恍恍惚惚地回了家。

说是"家"，其实就是一个阴暗的地下室。在她生活的县城，几百块钱完全能租一间单元房了，只是那里没有实现梦想的机会。她在小屋里昏昏沉沉地睡着了，醒来后屋里漆黑一片，不知是什么时候了，这就是地下室里的生活。她看了看表，快到凌晨一点了。睡意全无的她想出去透透气，就披了一件外衣出了门。

快走到一层时，她依稀听到烤肉摊传来的说话声。大城市就是这样，永远灯火通明，永远有晚归的人。想起自己还没吃饭，她也朝烤肉摊走了过去。她以为摊主会是一个油腻的大叔，却没想到是一个穿着白色T恤的男孩。

摊主冲她笑笑，说："还剩最后一把，估计也没人来了，你都要的话便宜点好了。"

陈菲点头说好，就坐了下来。男孩一边烤肉，一边问："要辣椒吗？"

"要，越多越好！"陈菲好像是在发泄什么一样。

当邻桌最后的一拨客人结账走人后，陈菲和摊主聊起天来。有意思的是，这男孩跟陈菲一样，也是追梦的人。他告诉陈菲，自己想当编剧，也一直在努力。现在，他已经跟朋友合拍了几部微电影，虽然盈利不多，但得到了许多人的认可。

陈菲沮丧地说起了自己的经历，男孩听后笑问："才失败一次就灰心了，那我劝你还是放弃好了。你知道我的第一个微电影剧本投了多少次才成功吗？我给了41家公司，拒收了就再给别人，快到40次的时候我也崩溃了，甚至怀疑自己是不是搞创作的料。但我不甘心啊，就继续投。结果，再试了几次，就有人收了，还非常认可……"

那天夜里，两个有梦的年轻人聊了很多，陈菲离开烧烤摊时，已是凌晨四点了。她想通了，虽然自己认不出那些导演和制片人，但也可以给客人派发自己的名片。离制片厂那么近，试镜的机会多的是，总不可能剧里的每个演员都是靠关系进来的。最不济，还能做个群众演员，熟悉一下流程。失败一次怕什么呢？只要不失掉勇气，一定还有机会！

没有谁的成功是一蹴而就的，在熠熠生辉之前都会有一段孤独不安的日子，唯有咬着牙熬过沉默的时光，才可能看到胜利的曙光。温斯顿·丘吉尔曾经就成功这件事，说过一句简短而精辟的话："决不，决不，决不，决不放弃！"

有一个人14岁进拳击场，第一次上台就被人打得满脸是血，包扎好伤口后，第二天他又出现在了擂台上。在一次训练中，他左眼受伤，此后视力再没有恢复。19岁那年他参了军，在一次战斗中被炸成重伤，此后他与受伤结缘，全身先后中了200余块弹片，这些弹片有一部分至他去世也没能取出。20岁时他立志当作家，笔耕不辍，作品却不断被退回。24岁那年，他的第一部著作终于出版，但只印了300册。穷困潦倒的他已经无法维持一家人的生活，妻子带着刚出生的儿子离他而去……这个历经了多次失败和创伤的人，这个坚持不懈去创作的人，终于在1954年获得了诺贝尔文学奖。他，就是欧内斯特·海明威。在一本著作里，他清晰地表明了自己的态度："人生下来不是为了被打败的。"

还有《哈利·波特》的作者J.K.罗琳，当初把书稿投给多家出版社，都遭到了拒绝，理由是这类书稿在当时尚无先例，没有谁愿意冒险出版。面对拒绝，她做了什么？和海明威一样，义无反顾地写下去，坚持不懈地往外推。后来，全世界都知道了她笔下的人物。

一次失败怕什么？两次失败又何妨？它只能代表你要的结果尚未来到，却不代表你被判出局。成功这条路本是曲折的，会有泥泞和黑暗，会有风暴和雷鸣，想要抵达终点，看到最美的风景，就要笑着去面对，去承受所有，在受挫的时候用温暖的声音告诉自己"人生下来不是为了被打败的"。这份无声的坚韧，终将会成就你的理想。

再难的日子,也会有过去的那一天

中古时期的欧洲,希腊的一位国王得到了一块价值连城的钻石,打算把它做成一枚戒指,并在里面塞进一张纸条,以便到了危急关头作为锦囊妙计。国王向大臣们征求意见,希望得到一句最恰当的话。才学渊博的大臣们都被难住了,苦思冥想半天也没想出来一个结果。

后来,一位老仆告诉国王:"先王曾经邀请过一位作家来王宫,他临走时送了我一张字条,说能让我受益一生,只是必须要到山穷水尽时才能打开。"说完,他就把字条交给了国王,希望能把这份福泽送给自己的主人。

国王收下这张纸条时在想,如今天下太平,怎么会到山穷水尽的地步呢?没想到,这一天竟然很快就来了。国王带兵到边境巡视时,突然遭到外族侵袭,被敌人穷追不舍,逃上死路,前方是万丈深渊,后方是隐约可闻的马蹄声。在生死攸关的时刻,国王想起了那张纸条,他打开一看,上面赫然写道:一切都会过去。

国王慌乱的心瞬间平静了下来。这时候国王发现,刚刚还能隐约听见的马蹄声,好像听不到了,不知是追兵迷了路,还是走错了道,总之他们没有再出现。国王收好纸条,戴上戒指,重新集合军队。经历了一番苦战后,他终于征服了侵略者。

凯旋那天，民众们欢呼雀跃，庆祝着胜利，国王也深感自豪。在跟民众招手时，国王不经意间又看到了自己的戒指，他再次打开戒指里的那张字条，重读了那句话，心情又重新归于了平静。

无论顺境还是逆境，阳光普照还是阴雨连绵，一天24个小时都是永恒不变的，一切都会在零点的那一刻归为过去。只是，我们总习惯性地认为，那些不美好的、不幸的日子，比幸福的时光过得漫长，甚至觉得是难以跨越的沟坎。

其实，只要心能过去，世间的一切都能过去。你挺住了，就算是迈过去了；你甘愿低头，就只会被生活埋没。到最后，你自以为绊倒你的是一座翻不过的山，其实，那不过是强者眼中的一个小土坎儿。

"当时觉得天都要塌了，现在想想，也不过如此。"云淡风轻似的说出这句话的人，是一位经历了多次坎坷，而今事业有成的先生。

22岁那年，他险些丢掉了大学文凭。那会儿的大学还没扩招，能考上的人都是精英式的人物，只要好好学习，顺利毕业，工作肯定是不用发愁的。不过，要是因为什么岔子没能毕业，所有的努力就白费了。

当时，他要参加市里的体育比赛而无法参加考试，就只向辅导员老师口头说明了情况，而学校的规定是必须写一份正式的误考申请。其实，他参加比赛也是为学校争荣誉，辅导员有义务提醒他写个申请，就算当时忘了，事后补一份也没问题。偏偏那位辅导员是个小心眼，曾经被他当众呛过，心里记了仇，就没把这件事告诉他。

结果，到了大四的最后一个学期，考试未通过者的名单贴出来了，他的名字就在其中，且非常醒目：五门科目无故缺考，全部都是0分。他顿时火冒三丈，没有直接找辅导员理论，而是越过他去找了系主任，顺带告了辅导员一状。

校领导了解情况后，给了他一次补考的机会，他拼命地看书，最终总算是获得了毕业资格。但是，他的所作所为却让辅导员对他更加不满，以致给后来的许多事带来了麻烦。

家里托关系给他找了一份工作，一切都谈妥后，只等单位到学校了解情况，拿一份盖章签字的证明。然而，单位的人来了后，第一个要见的人就是辅导员。辅导员把他说得很不堪，坚决不肯签字。最后，好好的一份工作就这样被搅黄了。

别人都是走进社会后才真正体会到挫折，而他却是在进入社会前就摔了一个大跟头。一气之下，他任由学校将档案打回原籍，自己跑广州找工作去了。那段日子真难，他骑着自行车在街上游荡，看见一个单位就问要不要人，可几乎每天都遭到拒绝。别人也给过他面试的机会，可那家大企业的经理却说他没自信，说话声音太小。其实，他平日里都是五大三粗的，也许是一次次的失败让他丢了自信。那会儿的他也不知道，这道坎儿究竟能不能过去。

终于，在历经了多次的被拒后，他总算找到了一份工作，到县城的农校做老师。这学校很小，地理位置又很偏，他一个大学生到这里来任教，自然很受重视。校长还声称，好好干就给他分一套房子，可那被菜园子包围、离小镇也要1个小时车程的房子，真不是他想要的。

做了3个月后，他回到广州探望朋友。望着城市里的高楼大厦，他突然觉得，那片菜园中间的校园生活不是他想要的，他果断决定辞职，不想让自己这辈子落在一个勉强的结局上。

重新找工作依然很难，但再难他也要走。后来，一家报社给他打电话，说正需要编辑。这份职业正合他意，他决心入职。时至今日，他依然还在媒体界发展，只不过早已从一个无名的小编，晋升为报社的总编了。

谈起毕业时的那段经历，有朋友说："我要是你，真不知道能不能迈过那道坎儿。"他笑着说："是挺难的，但我当时就相信，一定都会过去。现在想起来,要不是刚出校门就摔了个大跟头,也难有现在的我。这些年一遇到坎儿,我就想:还有什么比当年骑个破车在街上游荡时更惨呢?那样的日子都挺过来了,现在还有什么难的呢?"

是的,再黑暗的一天也只有24个小时,再糟糕的日子也会有结束的那天。当生活给了你苦难,当世界以痛吻你的时候,请记住普希金的那句诗:"一切都是瞬息,一切都将过去,而那过去了的,终将成为亲切的怀念。"

换一种思维模式，凡事多往好处想想

俄国文学家契诃夫在《生活是美好的——对企图自杀者进一言》中写道——

要是火柴在你的衣袋里燃起来了，那你应该高兴，而且感谢上苍，多亏你的衣袋不是火药库！要是有穷亲戚上门来找你了，那你不要脸色苍白，而要喜气洋洋地叫道：挺好，幸亏来的不是警察！

要是你被送到警察局里去了，那你就该乐得跳起来，因为多亏没有把你送到地狱的大火里！要是你挨一顿桦木棍子的打，就该蹦蹦跳跳叫道：我多么幸运，人家总算没有拿带刺的棒子打我！要是你妻子对你变了心，那就该高兴，多亏她背叛的是你，而不是国家！

人的一生，难免会有坎坷，不可能一帆风顺。面对那些"坏"事，换个角度想想，消极之处就会被缩小，心情也会大不一样。这也正是世人所说的："生活像一面镜子，你对它笑，它便回赠你微笑。"

曾经，两个工程师一起承担了一个研究项目，在即将完成的时候，他们做了一次试验。结果，出乎意料地失败了，在实践中他们发现了一些事先未曾想到的问题。面对突如其来的失败，一个工程师感到很自责，甚至开始怀疑自己的能力。另一位工程师的态度却很平和，他很庆幸这次失败出现在项目投入之前，倘若投放到实际运作时再出现错误，后果会比现在糟糕百倍。这样一想,他就更坚定了要排除所有问题的决心,并将全部精力投入到了对项目更深一步的研究中,最后顺利完成了这个项目,抵达了事业上的一个新高峰。

不让"坏"的东西蒙蔽了双眼,心灵才不会荒芜,前路才会越走越亮。一味地沉浸在不如意中,只会让处境变得更艰难。很多时候,世间事就只在一念之间,凡事多往好处想想,就不至于掉进生活的泥沼中苦不堪言。

小说《命运》的主人公翠花,不知打动过多少读者的心。她的一生充满了不幸,可她的心却始终沉浸在希望的蜜汁中。

19岁那年,翠花嫁给了邻村做生意的阿强。结婚不到半年,到邻省进货的阿强就人间蒸发了,再也无音信。一时间,各种小道消息传出:有人说阿强被土匪打死了,有人说他被抓了壮丁,还有人说他病死他乡了……那时的翠花,已经有了阿强的骨肉。

阿强失踪几年后,村里人都劝她改嫁,失去了丈夫,孩子又那么小,日子如何过下去呢?翠花知道日子难,但她没走,说丈夫生死未卜,也许是在远方做大生意呢,指不定哪天就衣锦还乡了,她愿意等。在翠花的精心照顾下,孩子成长得很好,这个家在她的支撑下,虽不富裕但很温馨。

日子就这样过着,在儿子18岁那年,一支部队从村里经过。儿子参军走了,他说要到外面去寻找父亲。没想到,和当年阿强去做生意时一样,儿子走后也是音信全无。有人告诉她,说儿子死在战场上了。翠花不信,一个好好的大活人,怎么可能说死就死呢?她觉着,儿子肯定没有死,说不定还当了官,等天下太平了就会回来看她。她还想,也许儿子已经娶了媳妇,生了孩子,回来的时候是一大家子人了。

这个美好的想法给了翠花无尽的希望。她比从前更勤劳,对生活更有热情,不仅下田种地,还做绣花线的小生意,奔走四乡,积累钱财。她跟村里人说,自己要盖一栋新房子,等丈夫和儿子回来的时候住。

有一年，翠花得了大病，医生说治愈的希望很小。可是，翠花最后竟然奇迹般地活了过来，她说自己不能就这么死了，儿子还没回来呢！然后，她就一直健康地活着，不停地念叨，儿子生了孙子，孙子也该有孩子了……想到这些的时候，她的脸上露出了绚烂的笑容。

翠花最终活到了102岁。她是村里最不幸的人，却也是最长寿的人。

卡耐基曾经说过："如果我们有着快乐的思想，我们就会快乐；如果我们有着凄惨的思想，我们就会凄惨；如果我们有害怕的思想，我们就会害怕；如果我们有不健康的思想，我们就会生病。"

翠花的一生，很难用言语来评述。她遭遇的不幸，是常人难以体会到的。对于外界的流言蜚语，她未必真的不知，也未必猜测不到。只是，她不愿在事情尚未得到明确的答案时，去相信最坏的结局。她的内心始终朝着好的一面想，至少这样，她还有足够的勇气生活下去，对明天还抱有一丝希望。靠着这种积极思维，她顽强地生存了下来，且一直笑到了百岁，没有让一生在悲痛中沉沦。

每个人都有忧伤痛苦的遭遇，只是表现出来的方式不一样而已。选择以冷漠待人，就会觉得生活充满枷锁；选择以热情待人，就会觉得生活像喷泉。在人生的巅峰时刻，眉开眼笑固然容易，但真正能让快乐持久的，却是能在挫折和困难面前笑出声来的人。生活不相信弱者的眼泪，它只会对积极的人微笑，在这个处处都有羁绊的世界里生存，唯有保持一份乐观的心态，才能不动声色地对抗世间所有的强硬。

Chapter 2

生存再怎么艰难,
日子都要有它该有的样子

生活是用来过的,
不是用来熬的。
无论发生了什么,
都要从苦难中找到希望,
在痛苦中升华自己。
命运对每个人都是公平的,
不要总觉着只有自己经历了不美好,
那些一路哼着小曲悠然自得的人,
不过是懂得苦中作乐。

苦中作乐是一辈子的必修课

俄国作家列夫·托尔斯泰说过:"人生不是一种享乐,而是一桩十分沉重的工作。"

人的一生犹如一趟旅行,途中会有数不尽的高山低谷,也有看不完的繁华美景。至于下一秒会遇见什么,谁也无法预知,有春花秋月可赏固然好,若是泥泞坎坷也该欣然接受。命运对每个人都是公平的,不要总觉着只有自己经历了不美好,那些一路哼着小曲悠然自得的人,他的境遇也未必比你好多少。

佛家有云:苦才是人生。既然来到了这人世间,既然少不了要承受苦痛,就该磨砺一颗坚强的心,透过岁月的风尘寻觅灿烂的星星。苦难不由人,但我们有权决定用什么样的心情去对待它,比如苦中作乐,就是绝佳的良方之一。

有两个重症病人同住在一家医院的小病房里,房间里只有一扇窗户能看到外面的景象。其中一个病人的床靠着窗,他每天下午都能起身在床上坐一个小时,而另一个人却始终都得躺在床上。

靠窗的病人很开朗,每次坐起来时都会描绘外面的景象给病友听。他说,公园的湖里有鸭子和天鹅,孩子们在那儿撒面包片,情侣们在树下散步,树顶上的天空碧蓝碧蓝。病友听着,在头脑里想象着那一幕幕情景,仿佛自己亲眼看见了外面发生的事情。

渐渐地，躺在床上的病人心里有了不平衡感：凭什么他睡在窗边欣赏外面的风景，我却只能躺在这里听？这样一想，他就急切地渴望跟对方换个床位。

一天夜里，他盯着天花板想事情。突然间，睡在窗边的那位病友惊醒了，不停地咳嗽，一直想用手按铃叫护士，可身体却又不太听使唤。咳嗽声渐渐地停下了，他感到病友的呼吸渐渐停止了。他按铃叫来护士，病友已经去世。

第二天，他问护士："我能不能换到窗边的那张床上？"在两名护士的帮助下，他被搬到了那张床上，心里很高兴，想着总算能看看外面的世界了。他用手肘撑起自己，吃力地往外面看……然而，窗外只有一堵空白的墙。

苦与苦是没有办法比的，就像黄连和胆汁，各有各的苦涩。属于你的是哪一种苦，只有你自己知道，但无论多么不喜欢，多么抗拒，你都必须要生生吞下。这是大多数人对待生活的态度，用一颗无奈的心去接受。只有极少数的人才会想，既是注定要经历的，就平和对待吧，不去追问"凭什么"，所以他们的日子看起来往往比周围人要"好过"。其实，这种"好过"，完全是在力所能及的范围内，给自己制造点快乐，让日子看起来不那么难熬。

《美丽人生》以生性乐观的犹太青年圭多对生活的美好向往开始，他渴望能在意大利的小镇上开一家书店，后来邂逅了美丽的多拉，有了一个幸福的三口之家。但幸福还没持续多久，街道上就出现了纳粹的铁丝网，噩梦降临。

犹太身份的圭多被抓进集中营，他的妻子本不用去，可是爱情却让这个女人义无反顾地跳上了火车。多拉被关进女牢，圭多不愿让儿子幼小的心灵蒙上阴影，便把集中营里惨无人道的一切说成不过是一场游戏，遵守游戏规则、最终计分1000的人就能得到一辆真正的坦克。天真的儿子对父亲的话深信不疑，做梦都渴望得到坦克的他，强忍住饥饿、恐惧、寂寞和一切恶劣的环境。

圭多一边乐观地做着苦力，一边编造游戏的谎言。原本所有的小孩都要在洗澡时被杀掉，圭多的儿子本就不喜欢洗澡，侥幸逃脱。圭多让他混在德国孩子中，告诉他不要说话，说这样可以多得分。在如此艰难、黑暗的岁月里，即使看不到希望，即使死亡近在眼前，圭多仍然保持着勇气、智慧和乐观。

影片的最后，历经磨难的圭多死在了德国纳粹的枪口下。面对死亡，他没有任何犹豫，反而暗示藏在铁柜里的孩子不要出来，这只是游戏。待到天亮，孩子从铁柜里爬出来。他不知道自己的父亲已经去世了，只知道院子里出现了一辆真的坦克，轰隆隆地开到他跟前，一位美国士兵把他抱上了坦克，与母亲团聚。

透过电影，我们看到的是一位深爱妻儿的父亲，更是一种豁达睿智的人生态度。从另一个角度来说，它也告诉我们，在如此悲哀的境遇下，人依然有苦中作乐的能力，哪怕只是发挥自己的想象力，去编造一个善意的谎言，以让内心更坦然地接受事实，少受伤害。

苦中作乐不是自我麻痹，更不是消极退却，而是一种安慰自己，调节自己的方式。从苦难中找到希望，在痛苦中升华自己，是每个人一生的必修课。只有具备了苦中作乐的心态和能力，才能把经历的苦难变成垫脚石，让勇气和希望生生不息。

没人陪伴的时候，过好孤独的时光

　　我们生活在一个喧哗的环境中，身边处处都是熙攘的人群，但越是这般热闹，却往往越让人不知所措，产生难以名状的孤独感。回想一下，你有没有过这样的体会——

　　前一刻还置身在人群中，跟朋友嬉笑打闹，围坐在一起吃饭，好不热闹；下一刻就置身在出租车上或是狭小的出租屋里，却感觉落寞无助和空虚，仿佛刚刚所有的景象都是梦，自己流露出的所有笑容都掺杂着勉强，内心深处的落寞丝毫没有减少。拿着手机翻来翻去，可以拨打的号码很多，却始终找不到一个能倾诉心声的人。

　　费尽心力地想要证明自己，拿出所有的勇气和信心做了一个决定，或是一件事，结果得到的全是误解和不屑。有人说你好出风头，有人说你自不量力，仿佛就在一瞬间，整个世界都站到了你的对立面，让你不知如何自处。

　　当初说好一起追梦的人很多，真到了起跑线上，却有许多人退缩了。望着前方迷茫而曲折的路，你多想有个人能拉着你一起走，回顾四周却找不到一个能同行的人。你亦步亦趋地往前走，摔得头破血流时，也想过放弃，也渴望有人搀扶，到最后还是自己强忍着疼痛，擦干眼泪继续往前走。

　　这就是生活，如人饮水，冷暖自知。人生总有那么一段路，是需要靠自己前行的，在这段独行的日子里，所有的酸楚都只能自行消融。正因为如此，很多人畏惧孤独，厌恶孤独，将其视为洪水猛兽，竭尽所能地去融入人群，不惜委曲求全，以免成为一只落单的候鸟。结果呢？恰恰应了那句话："越繁华越寂寞，越热闹越孤单。"

孤独，没那么可怕，也没那么糟糕。与其在人群中孤单，不如在孤独中狂欢。

奥地利诗人里尔克是一个把孤独享受到极致的人，他的很多作品里都有描写孤独的句子。跟千千万万普通人一样，他也曾对孤独感到厌倦和悲观，可当他经历了颠沛流离的生活，并在孤独中升华了自己以后，才真切地感受到了孤独的美妙。

里尔克出生在一个普通的铁路职工家庭，父母很早就离婚了，破碎的家庭让他过着与其他同龄人不一样的情感生活。长大后，里尔克进了一所军事学校，他并不喜欢这里，只不过当时的平民阶层都渴望子女从军，以此跻身于上流社会，他才不得不留在这儿读中学。这段求学的时光，被里尔克视为对精神和肉体的双重摧残，也加深了他的孤独感。

不久后，里尔克由于身体太弱，被军事学校除名。他又转到了一所商业学校，但依然提不起任何兴致。后来，里尔克带着孤独落寞的心情，开始游历欧洲各国，他见过托尔斯泰，也给雕塑家罗丹当过助理，还在第一次世界大战时入伍。颠沛流离的生活，让里尔克变得更加孤独和悲观，在没有人理解的时候，他把所有的心事都写在了纸上。

在写作的过程中，里克尔找到了前所未有的充实感，仿佛走进了另外的世界。渐渐地，他不再排斥孤独，而是感谢孤独让他对生活有了全新的体验。他把美好的孤独加诸在自己的作品里。此时的孤独，没有了与社会的对抗，也没有了被社会冷落、被人群孤立的影子，而是化为一种坚定的精神力量，一种对自我的深度思考。

里尔克开始享受孤独，也开始劝导那些畏惧孤独的人。他在《给青年诗人的信》中写道："在圣诞节到来之际，当您在节日中比平日更难忍受孤独时，您不会收不到我的问候。可是，如果在那时您发觉孤独很厉害，那就为此感到高兴吧！因为（请您自问）不厉害的孤独算什么呢？孤独只有一种，它是厉害的，不容易忍受的，差不多所有的人都会碰到这种时刻。那时，他们情愿放弃这种时刻，换取任何一种不管多么平庸而毫无价值的交际，跟随便什么人，跟最微不足道的人取得一点点表面上的一致。"

在无人陪伴的时候，在必须要一个人去承受所有的时候，学会像里尔克这样，抚平你内心的孤独吧！去好好享受这份难得的体验，把它当成生活给予自己的一份礼物。当你感受到了孤独的好处时，你也会惊喜地发现，内心已在不知不觉中充满了力量。

学会独处，会让你甩掉战战兢兢，昂首阔步地面对所有困难；学会独处，就算置身在陌生的城市，你也不会感到焦虑和无助；学会独处，当无人陪伴的时候，你可以拿起麦克风与自己飙歌；学会独处，就算尚未遇到或是失去心爱的人，也可以微笑着在街头漫步，看夕阳西下；学会独处，哪怕周围的人都否定你、质疑你，你也不会沮丧绝望，而会把一个人的舞台装饰得更加闪闪发光。过好孤独的时光，在其中找寻乐趣，为自己增值，创造一场精神世界的饕餮盛宴，人生最傲然的姿态莫过于此。

一生之中不可避免地要经历孤独，真的不必害怕，更不必抗拒，去细细品味一下林徽因笔下的那种情景："红尘陌上，独自行走，绿萝拂过衣襟，青云打湿诺言。山和水可以两两相忘，日与月可以毫无瓜葛。那时候，只一个人的浮世清欢，一个人的细水长流。"

生活过的不是房子,而是一种心情

家是身体的港湾,是心灵的栖息地,是重拾力量的源泉,无论到什么时候都不会变。然而,对奋斗在都市里的多数年轻人来说,家同样也是一个奢侈的字眼。就算是拼尽了全力,能让工资一年涨两次,也追赶不上那嗖嗖直上的房价。这也使得游走在大城市里的人,或多或少,或长或短都有了暂居在出租房的经历。

北漂女孩岑迪,七八年前刚来北京时,就住在北京的一个城中村。那里的房子都是村民自建的两三层小楼,一门一户,房间不足10平方米,只有简单的木板床和旧桌椅。楼道里有公用的水池,整个村子有十几处公厕。岑迪的家在南方二线城市的一个县城,就读的大学也是北京较有名气的,这样的居住环境是她从未经历过的,但为了生活,为了留在距离梦想最近的地方,她只能委曲求全。

楼道里住的人很杂,有无业游民,有小商贩,也有和她一样的北漂青年。起初,岑迪就只把这里当成一个睡觉的地方,因为这样的地方实在无法被称之为"家"。她没有给房间购置任何的摆设,就连衣柜也只是买了两个大号的纸箱,放置冬天、夏天的衣服。晚上下班后,她总是约同学、朋友在外吃饭,逛得累了就回去睡觉。租来的房子,对她而言,不过是一个避免成为无处可归的都市流浪人的暂居地。

后来，岑迪在BBS上认识了一个叫海棠的女孩子。海棠和她一样，同是独自在都市里奋斗的姑娘，也住着租来的房子。可她每天都会晒出自己精心制作的减肥食谱，那雅致的桌布，精美的餐盘，用心摆放的食物，看起来是那样的美好。偶尔，海棠还会把自己新购的摆件、自制小书柜的照片发上来，赢得一个又一个赞。

岑迪知道，网友们赞的不只是那一件件物品，在琳琅满目的淘宝网上，比它们更有趣的东西比比皆是，大家赞的是她对生活的态度："房子是租来的，但生活不是。无论你在哪一座城市奋斗，都有能力让自己的生活更美好，动一动手，美好尽在眼前。"

翻看海棠的动态，几乎每天都有出租屋里的生活照。蓝白色的窗帘，静谧而恬淡；淡粉色的床单，温暖而整洁；破旧的小柜被包上了碎花布，变成了小清新式的书柜；布丁瓶里放两束路旁采来的小黄花，散发着生活的希望……那一刻，岑迪突然意识到，生活原来还可以有另外的样子，它与你所在的城市、地点无关，与你所住的房子大小无关，唯一有关的是你的心，你选择用什么样的方式去经营。

岑迪开始重新设计自己的生活：认真地给出租屋做了大扫除；在征得房东同意的情况下，买了隔板在墙上做成书架和储物空间；把纸箱子换成了晾衣架，重要的衣服用衣罩罩好；花了点小钱买了一些有趣的墙贴；又从二手市场买了点便宜实用的小件家具……原来空荡落魄的出租屋，变成了温馨的小窝。置身在这个亲手打造的小天地里，岑迪减少了外出游荡的时间，她对这个租来的小房间有了一种归宿感。

时光如梭，现如今，那个城中村早已不见了踪影，取而代之的是一栋栋高楼，而岑迪也有能力住上了更舒适的房子。此时的她，距离买一套房子的目标依然很遥远，但她的心却并不慌张。她知道，房子虽然是租来的，可日子始终是自己的。

在偌大的城市中，有多少人能够像岑迪一样，穿透物质的外衣，看清生活的实质呢？太多的年轻人，都把对生活的热情投入到了想象的黑洞中，不停地告诉自己"等我有了房子要如何""等我还完贷款要如何"……就是无法抬起手先把厨房水槽里放了几天的碗筷洗干净，就是对乱糟糟的客厅、卧室视而不见。他们总在想，在心愿实现以前，凑合一下就行了。

"90后"男生周宏翔曾写过一篇文章，名字就叫《房子是租来的，但生活不是》，其中有一段话："我们不能因为房子是租来的，就要把生活过得也像别人给的一样，随时都可以拿回去。我们在上海是来干吗呢？我觉得就是要活成另外一个自己，一个别人随时可以拿走你的东西，但是永远拿不走你生活的那个自己。丢了工作，可以找到待遇相等的；丢了爱情，可以找到一个对自己更好的。我们不是租了他们，而是我们有资格拥有他们，你说对吗？"

房子是不是租来的，真的不是那么重要。有房子的人很多，但不是每个人都能把房子营造出家的味道，这个世界有房子而不幸福的人到处皆是。说到底，生活过的是一种心情。你有美好的情怀，再简陋的家也能布置出艺术感；你心态调整不好，住上别墅一样发牢骚。

不要再说，等到有了房子、车子再去享受生活；不要总觉着，真的拥有了那些东西，生活就会有大不同。谁又知道，到了那时的你，是否又对美好生活有了更高的标准呢？人生就是不断地经历，任何一个阶段都是独特的经历，没有哪一刻特别值得期待，也没有哪一段岁月只配沦为凑合。习惯凑合的人生，不可能陡然跃上理想中的完美轨迹，只有用心去发现美好，创造美好，才能在生活中掀起如虹的乐章。

缺钱并非不幸的根源，快乐是免费的

说起生活的艰难之处，许多人都会不约而同地想到一个字：钱。

不可否认，物质基础是生活的保障，没有钱的日子寸步难行，这也是多数人拼命奋斗的原动力，谁不渴望拥有更好的生活呢？为此，有人就把金钱和幸福等同起来，将生活中所有的不幸都归结于缺钱，只觉着有了钱就能解决一切问题，消除一切烦恼。

有足够的金钱，就一定能幸福吗？日子刚够温饱，就享受不到一点快乐吗？

20多年前，美国哥伦比亚大学的哲学系博士霍华德金森在其毕业论文《人的幸福感取决于什么》中，向世人公布了他的调查结果：这个世界上有两种人最幸福，一种是淡泊宁静的人，一种是功成名就的人。

这一结果，是他向市民随机派发一万份调查问卷总结出来的。问卷中有5个选项，分别是：非常幸福、幸福、一般、痛苦、非常痛苦。历时两个多月，他最终收回的5200余份有效问卷中，仅有121人认为自己非常幸福。

在这121人中，有50个人是这座城市里的成功人士，他们的幸福感主要来自事业上的成功；另外的71个人，有的是农民，有的是小职员，有的是家庭主妇，还有的是领取救济金的流浪汉。尽管他们的职业、性格迥然，但有一点是相同的，那就是对物质没有太多的要求。

20多年后，已成为哥伦比亚大学终身教授的霍华德金森，再次对这121个人进行了回访问卷调查。结果显示，当年那71名平凡者中，除了有2个人去世外，其他人的生活虽然发生了许多变故，有人跻身于成功者的队伍中，有人一直过着平凡的日子，还有人由于意外和疾病导致生活陷入困境，但他们依然觉得自己"非常幸福"。而那50名成功者中，仅有9个人事业一帆风顺，并坚持自己当初的选项；剩下的人中，有23个人选择"一般"，还有16个人因事业受挫选择了"痛苦"，另外2个人则选择了"非常痛苦"。

受访者前后20年对生活的不同感受，引起了霍华德金森的沉思。在结束回访调查两周之后，教授决定纠正自己20多年前的调查结果，他说："20多年前，我太过年轻，误解了幸福的真正内涵。所有靠物质支撑的幸福感，都不能持久，都会随着物质的离去而离去。只有心灵的淡定宁静，继而产生的身心愉悦，才是幸福的真正源泉。"

金钱与幸福之间，只存在着轻微的正关系。食不果腹、无处可居时，肯定是不幸福的。但若能达到温饱，金钱与幸福的关系就会越来越小。任凭财富不断增加，幸福的指数也未必会随之上升，就算是上升，幅度也很小，更有甚者还可能停滞不前或下降。

别把所有的不开心、不幸福都归咎于缺钱，扪心自问：你要的究竟是幸福，还是比别人幸福？任由欲望和攀比去操控心情，无论拥有多少金钱也难满足。快乐这件事是免费的，任何人都有权利拥有，无论年龄、性别、身份、地位。就像摆地摊的小商贩，只要每天多挣上几十块钱，就笑得合不拢嘴，觉得生活充满了希望；而一个腰缠万贯的开发商，一个项目多挣了几十万，也可能愁眉不展，郁郁寡欢。

一位在图书馆工作的女清洁工，收入微薄，难以享受这个城市的福利，甚至要解决孩子入学等问题都很困难。当然，这是许多置身事外的旁观者看到的、想到的情景，当有人真正走近这位女清洁工，跟她闲聊一番过后，才知道她的生活并没有外人所想的那样窘迫，反而还透露着几分"惬意"。

女清洁工说："我很享受现在的生活，都这把年纪了还能打工赚钱，比在老家务农好多了，觉得自己很能干，也很有用。我的孩子也在城里打工，我们住在一起，每天都能见面，他经济独立了，我省了不少心。我在农村住了一辈子，老了还能来逛逛公园，看看夜景，在这里上班也不累，冬天有暖气，夏天有空调，别提多舒服了。"

生活在城市的最底层，拿着微薄的工资，女清洁工却没有一点儿怨念。在自己的小天地里，她享受着自己的幸福。这足以证明，幸福不是富人才能拥有的，就算只是一个小人物，一样有资格去感受美好的一切。在女清洁工的心里，金钱根本不算衡量生活好坏的标准，她要的就是一家人在一起，健健康康地活着。

当然，每个人的经历不同，对生活和幸福的理解也不同，但有一点是相通的：找到那些令你真正快乐和放松的事，睁开发现幸福的双眼，去寻觅美好的东西。因为，幸福从来都不是什么严肃又重大的事情，它真的可以很简单，就是忙了一天回家有现成的饭菜，无聊的时候有人陪你逛街闲聊，能做一份喜欢的工作……仅此而已。

金钱能够给你的只有硬件设施，让你能买到高级的床铺、昂贵的衣物、进口的药品，却不能带给你安稳的睡眠、良好的教养、身体的健康、豁达的胸襟。要体会幸福，后者比前者更必不可少。如果你已衣食无忧，那就不要再为了金钱去浪费时间和精力，至少别总用缺钱来限制对美好事物的感受。试着改变一下看待世界和自身的方式，努力发现那些触手可得的美好，那么无论在什么样的境遇下，你都可以带给自己免费的快乐。

永远不要用"熬"的态度去过日子

自从三年前母亲出了那场车祸离世后,他就像变了一个人。那个不懂何为烦恼的阳光男孩,似乎也跟着母亲一起离开了,剩下的是一个总挂着阴郁表情、下巴泛着青色胡须的青年。他刻意地远离人群,无论春夏秋冬,房间里的窗户都一直紧闭着。窗户上落了厚厚的一层土,灰尘遮蔽了窗外的阳光,让整间屋子看起来更加的阴暗。

邻家的女孩经常来看望他,大概是因为从小一起长大,这种发小间的熟络情谊,让他不至于太抗拒,还愿意跟她说说话。她说:"你的房间里太缺少阳光了,有点潮湿。不如我们打开窗户透透气?"他说:"算了,外面有积雪,太冷了。"

以往,女孩都会顺着他的意,但这一次,她却怎么也不肯依他。她把窗帘拉到窗户的两边,用落满了灰尘的窗帘扣将其固定好,然后轻轻地推开了窗户。瞬间,一股凉丝丝的空气侵入鼻孔,扑在脸颊上有点凉,却很舒服。再看外面的积雪,在阳光的照射下,闪闪发亮。屋子里,也顿时跟着豁亮起来。

她冲着他微微一笑,宛若一朵清新的小百合,说:"快看,外面的阳光多好!只要每天把窗户打开,阳光就能照进来,屋子也会亮堂许多。虽然这几天有积雪,但阳光还是很暖和。"见他不语,她又说:"其实,这扇窗户就是你的心,你所有的痛苦,都是因为封闭了自己的心。我希望你能鼓起勇气敞开心扉,感受一下快乐的东西。"

他轻蔑地"呵"了一声,说:"有那么多快乐的东西吗?我觉着,现在的日子就是熬,熬到什么时候算什么时候。每次想到我妈,我的心里就像有一大片乌云笼罩着,压抑得要命。我不开窗户,就是想在自己的世界里找点儿清净。"

女孩拍了拍他的肩膀,在他身边坐了下来,说:"我能理解你的感受,就像10年前我爸爸突发心脏病离开一样,我和妈妈当时觉得家里的天都塌了。其实,很多人的日子过得都不如表面看上去那么顺心,会遇到难缠的客户,会被老板炒鱿鱼,会遭遇爱情、友情的背叛……谁都无法预料。可你看看,并不是每个人都愁眉苦脸地过着日子,我妈妈这些年吃了很多苦但她总跟我说'生活是用来过的,不是用来熬的。不管发生了什么事,都要学会想得开,在夹缝里寻找快乐。如果遇到好事就高兴,遇到麻烦就逃避,那不是真的热爱生活。人这辈子不能指望外界的东西给自己带来快乐,否则这一生值得高兴的事就太少了'。"

听她说完这番话,他沉思了片刻,而后露出一抹久违的笑。他想起了叔本华说的一番话:"一个悲观的人,把所有的快乐都看成不快乐,就如同美酒到充满胆汁的口中也会变苦一样。生命的幸福与困厄,不在于降临的事情本身是苦是乐,而要看我们如何面对这些事。"

从那天起,不管外面阴晴雨雪,他起床后的第一件事都是拉开窗帘,打开窗户,感受新一天的开始。渐渐地,他从喜欢阴暗的习惯中抽离了出来,爱上了有阳光的日子。他内心的阴霾也在阳光的照射下,慢慢被烘干了。再后来,他走出了家门,开始四处面试找工作。他不在乎薪资多少,他要找的是那个充满希望的自己,是一个全新的开始。

生活中的痛苦之事,就像是一滴胆汁,直接放入口中,必是极苦的;

若是滴入放满水的盆里,浓绿的胆汁就会慢慢扩散,味道也会变淡。人生也是如此,不是承受的苦痛太多,而是不善于用豁达的"水"稀释苦涩的味道,才使本可以阳光四溢的生活,变成了度日如年的煎熬。

苦难是生命这场盛大的音乐盛宴中不可或缺的环节。你用"熬"的态度去弹奏它,往往会觉得这段乐谱太长了、太难了,一边弹奏一边痛不欲生,以至于影响此后的人生;而你若把它当成必不可少的一部分,去接纳它的棘手和艰难,往往就能顺利地越过障碍,以更好的姿态去面对未来的所有。

生活是用来享受的,不是用来忍受和煎熬的。当沮丧、失落、不如意袭来的时候,我们要做的是开解自己:去听一场喜欢的音乐会,默默地读几首小诗,喝一杯飘香四溢的热茶,和朋友聊聊最近的情况,慢慢地把阴霾驱散在风中。

没有尽善尽美的人生,只有善于发现美好的心灵,当你练就了一颗懂得享受的心,你便能穿越苦痛,体会到细微的快乐。哪怕只是简简单单,你也不会厌倦。春天钻出地面的嫩绿小草,夏日娇艳盛开的花儿,秋天硕果累累的收获,冬季漫天飞舞的雪花,都有着动人的美,都会成为值得期待的风景。

生命只有一次,与其哀叹度日,真的不如把每分每秒、每个瞬间都过得充实、快乐,只要心里愿意相信生活的美好,不拒绝窗外的阳光,幸福永远都不会遗弃你。

烦恼的事再多，都别留给漆黑的夜

都市的夜是包容的，多少身心疲惫的人，都习惯在夜幕降临时摘下不真实的面具。静谧的夜，本是让人释放疲倦，安享惬意的时刻，可不知从什么时候开始，它却被用来琢磨和消融痛苦。然而，这样做真的可以治愈所有的创伤吗？

依姗是一家公司的业务主管，白天总是一副风风火火的样子，做事干练、果断。身在一群年轻下属之间，她衣着光鲜，侃侃而谈，让多少初入职场的女孩子心生羡慕。她们的目光紧盯着依姗，有欣赏，有嫉妒，也有望尘莫及。她在处理业务时的那股麻利劲儿和踏实稳当的态度，深得老板器重。再棘手的任务，只要交付到她手上，老板都觉得放心，而她也总能想尽办法漂亮地完成。

这只是外人眼里的依姗，几乎没有人知道，她在生活中还扮演着与之完全不同的角色。她有一个酗酒的父亲，一个软弱无力的母亲，一个正读大学的弟弟，一个贫寒破碎的家。她这么努力，不过是希望有条件供养弟弟读书，不至于让他像自己当年读书时那样，处处回避着他人轻视的目光；她这么辛苦，不过是想母亲能过几天舒服的日子，能让父亲少为了钱的事用喝醉酒的方式来逃避。这一切，都是她内心难以启齿的压力。

在这座浮华的都市中，每个人行色匆匆，没有谁会真的在意其他人的表情和心情。别人记住、认识的依姗，是一个坚强洒脱的女白领，真正走进她的生活、看穿她心思的人，寥寥无几。她很清楚，一直以来她都在用不羁的性格掩盖内心的脆弱，在用脸上的微笑掩盖内心的无助。对生活，她充满了恐惧和不安，担心失去这份来之不易的工作，担心失去别人对自己的崇拜与尊重。无论遇到多么难的事，她都强迫自己咽到肚子里，在时间的搅拌下，慢慢消化，而后装作什么事也没发生。

大概是面具戴得久了，她更喜欢黑夜。当黑色的夜将她笼罩的时候，她才会卸下疲惫的外衣。但是，黑夜无法抹去她内心的压抑，为了逃避这种痛苦，她也会跟父亲一样，到酒吧里买醉。几乎每个礼拜，她都有两三个夜晚会出现在街头的那间酒吧，直到凌晨两三点才离开。她来酒吧只是喝酒，从不过多地与人接触。偶尔，她也会去唱歌，享受着台下的大呼小叫；有人邀请她跳舞，愿意就去，不愿意就摆摆手。

直到有一天，她"失态"了。一切，只因那个越洋电话。

她在公司加班到晚上9点，已是身心俱疲。电话铃声突然响起，她看了一眼屏幕，心里多少有了点儿安慰，是远在异国他乡的男友。她这么努力，也是因为想成为他身边一株独立的木棉，缩短彼此间的差距，这也是她内心最温暖的信念。然而，接通电话后，她的世界顿时变得漆黑一片。他决定，终结他们四年的感情。晴天霹雳太突然，依姗没有任何防备。

那天晚上，她带着一颗滴血的心走进了熟悉的酒吧。刚好酒吧里的一位常客看见她，主动跟她攀谈，她没有回应。其实，依姗认识他，平日总跟他调侃，但并不暧昧。他在她旁边坐下来，什么也不问，就陪她喝酒。在她喝的头都要抬不起，即将倒地的时候，他一把抱着了她，带她走出酒吧。

依姗酒醒后，发现自己躺在一张陌生的床上。她大脑一片空白，之后眼前出现了一张熟悉而陌生的脸。他问："睡得怎么样？好点没有？"她红着脸，紧张地问："昨晚，你睡哪里？"他指了指门外的客厅，她这才松了一口气。

餐厅的桌子上，放着鸡蛋、面包和牛奶，依姗不好意思地说了一句："谢谢，麻烦你了。"他也坐下来吃早餐，两个人沉默了片刻，忽然他对依姗说："不管受了多大委屈，遇到多难的事，也别留在深夜去消融。夜太黑，容易迷路。"

"夜太黑，容易迷路。"依姗在去公司的路上，耳畔反复回荡着这句话。她很庆幸自己昨晚遇到的人是他，没有发生什么意外，万一碰到的是……想到这儿，她后背直冒凉气。自那以后，依姗彻底与酒吧告别了，也再没有见过他。但他说的那句话，却深深印在了依姗的心里。

在深夜麻痹自己，只会让伤口溃烂，从一种痛苦陷入另一种痛苦中，无法彻底地改变什么。后来的依姗，在工作上尽力而为，不再处处争强好胜，逼迫自己；在生活上，遇到烦心的事，她会试着用文字去发泄，或是到健身房跑步、游泳，让运动的快感带走内心的烦闷。深夜来临时，她会安静地待在房间里，享受静谧的时光。忍不住胡思乱想的时候，就播放几首安静的曲子，强迫自己专注于音乐中；抑或，让自己看一部温情的影片。渐渐地，黑夜对她来说，不再像过去那样，只是用来释放伤痛的平台，而是真的成了放松身心的时刻。

不要把烦恼带到床上，因为那是休息的地方；也不要把烦恼带到明天，因为明天将是美好的。用黑夜咀嚼痛苦，不过是在伤口上撒盐。人生路上，有许多痛苦都是必经的过程，谁也无法逃避，唯一能做的，就是自己调节。到外界寻找刺激与快乐，只是一时的发泄；来自内心的平和与安详，才能让自己变得勇敢无畏。

一位四十几岁的中年女人，眼角没有一丝皱纹。有人问她保养方法，她说："当天的烦恼当天清理，梦里是美好的，醒来是美好的，生活也是美好的。简简单单地生活，困了就睡，累了就停，留一些时间做自己喜的事情，不被无谓的烦恼缠身。寂寞时听听音乐，无聊时找朋友聚会。很多事情无法改变，就去适应并试着改变，而不是处处反抗，精疲力竭。"

说得多好啊！要想活得快乐，就要有豁达的心境，烦恼不过夜，健忘才幸福。人生是没有回头路的单行线，沿途的风景都会成为过去，让每一个夜晚在舒适中入梦，比什么都重要，比什么都值得。

就算输掉了所有，也要记得微笑

巴尔扎克曾说："困境是珍贵的赐予，它是天才的晋身之阶，信徒的洗礼之水，能人的无价之宝，同时也是弱者的无底之渊。困境以其可怕的面貌出现，可是当你永远前进，勇于探索，揭开它的真面目以后，你会发现美好的风景原来藏在其中。"

在西宁那片热土上，她只是千千万万普通女性中的一个，但她又是那样与众不同，在面对命运的不公、生活的困境时，用特有的坚韧和乐观支撑起了属于自己的半边天。她有一个非常可爱、玲珑的名字，叫心巧。

心巧的双腿因小儿麻痹落下了严重的残疾，只能靠拄拐站立。身体的不便并没有影响她对生活的热爱，乐观开朗的她在父母相继离世后，和唯一的女儿靠着每个月的低保金和其他补贴生活，过着节俭的日子，再苦再累也没抱怨过。她总是安慰自己说："我能扛得住，会有解决的办法。"

每天送女儿上学后，她就拄着拐杖在家里打扫房间，洗衣整理，偶尔也会在电脑前玩会儿游戏、写写博客，或是绣十字绣来出售，乐呵呵地对待每一天。在外人看来，她腿脚不便，没有他人的帮助根本无法出门，日子一定很苦闷，可她却说："我不难过，我身边有很多好心的人，世界上还有比我更困难的人。我已经很幸福了，人要知足，哭着过不如笑着活。"

生活是一面镜子，你对它微笑，它也冲你微笑；你冲它发怒，把它击碎，看到的就是支离破碎的自己。人生有两种境界，一种是默而不语，一种是笑而不答。软弱的人只会以眼泪抒发自己的悲苦，坚强的人却会用微笑高傲倔强地活着。不是没有畏惧和痛苦，而是不甘心轻易地向命运投降。

一位老人在晚年罹患了骨癌，痛苦不堪。后来，病情加重，使得行走很困难，每天都要依靠拐杖和轮椅活动。即便如此，老人还是笑呵呵地面对周围的一切。

老人的家并不冷清，总是满载着欢声笑语，而串门拜访的人也跟平时一样络绎不绝。偶尔，老人想在床上多休息一会儿，他的外孙们就跑到他的房间里，三个不到8岁的孩子围在床边。他给孩子们讲故事，哄他们睡觉，或是陪他们玩纸牌游戏。

在最痛苦的那段日子，老人依然笑着面对，用乐观感染着每一个人。到后来，老人已经无法起身，饱受蚀骨之痛的折磨，可他却跟来探望自己的人说："我这把老骨头，今天总算有点儿起色了。"他那慈祥而平和的笑，就像是一个巨大的磁场，吸引着所有的人，感动着所有的人，让人不由自主地想跟他多待一会儿。

古罗马行政官克劳狄说："每个人都是自己命运的建筑师。"雨果也说："阳光和鲜花在达观的微笑里，凄凉与痛苦在悲观的叹息中。"笑是一种姿态，也是一种力量。笑对人生起伏的人，总能轻松地穿过风雨，迎来绚烂的彩虹。

2008年美国爆发的经济危机，丝毫不亚于1929年那次的噩梦。股市历经了所谓的黑色星期五，纷纷大跌，亚洲股市也进入黑色的一周。所有人都在哭泣，唯有一个人在昂首微笑，他就是荣登世界首富宝座的股神沃伦·巴菲特。2008年经济危机最严重时，美国财经杂志《福布斯》公布了"美国富豪四百强榜"，巴菲特个人净资产在33天内增加80亿美元，重新登上首富宝座，打破了比尔·盖茨保持了15年的首富纪录。

是什么给了巴菲特这样的财富？是微笑；是乐观；是无论现状多么糟糕，都对明天保持希望的态度！正如一位美国投资者所言："那些股票一夜之间成为一堆废纸却依然可以保持笑容的人，我喜欢他们，不仅因为他们可以看透股市投资的本质，更是因为他们超然而镇定的气场。"

人生犹如在海上航行的船，掌控航向和命运的舵手，就是我们自己。有些船可以乘风破浪、逆水行舟，有些船却在风浪来临时被无情吞噬，两者的差别全在于舵手的态度。在风口浪尖上保持微笑，往往就能闲庭信步，冲出重围；碰到点风浪就胆战心惊，只能被动地忍受凄风苦雨。有什么样的心态，就有什么样的人生。

生命的旅途中，灾难、意外、绝望、病痛、不幸，都可能会在某一刻突然来袭，让我们陷入无奈的困境中。在危机、窘迫、艰难的时刻，钻牛角尖、自暴自弃是无用的选择，它只会让事情变得越来越糟，恶化得越来越快。事情既已如此，就该放平心情，理性地接受这一切，思考如何扭转糟糕的局面。

哲学家培根说过："超越自然的奇迹是在对逆境的征服中出现的。"

笑着面对，就是征服厄运与不幸的第一步。逆境中的微笑，能让人不急不怒、心平气和，能让人仔细分析所处的困境，理清思路，找到解决的办法，顺利渡过难关。即便是无法改变的事实，也能让人保持平静，透过荆棘带来的刺痛，欣赏一下盛放的鲜花，不枉费活在世上的每分每秒。

生活风雨交加，心有一片晴空

埃及的国家博物馆里，陈列着一件令人匪夷所思的展览品：一只雕刻精美的白玉匣子。其大小和日常所见的抽屉差不多，匣内被十字形玉栅栏隔成四个小格子，洁净通透。玉匣是在法老的木乃伊旁边发现的，当时里面什么也没有，可从所放的位置上看，显然是很重要的东西。那么，它究竟是用来放什么的呢？为何要放在那里？有什么寓意呢？

很长一段时间里，考古学家们都猜不出这个谜。直到多年后，在埃及卡尔维斯女王的墓室里，考古学家们发现了一幅壁画，才解开了玉匣之谜。那幅壁画上有一位表情严肃的男子，正在操纵着一架巨大的天秤。天秤的一端是砝码，另一端是一颗完整的心，而这颗心就是从旁边的玉匣子里取出来的。

原来，在埃及的古老传说中，有一位至高无上的快乐女神，她的丈夫是一位明察秋毫的法官。据说，每个人死后，心脏都要被快乐女神的丈夫拿去称量。如果一个人是快乐的，心的分量就很轻，女神的丈夫就会引导那颗心的灵魂飞往天堂；如果那颗心很重，被诸多罪恶和烦恼填满，就会被判下地狱，永远不得见天日。

这就是谜底的真相，用通俗的话来解释，其实就是一念天堂，一念地狱。外界的环境是无法左右的，意外的遭遇是难以预料的，我们唯一能够选择的就是对待世事的态度。把好的、坏的一股脑都装进心里，必会沉重不堪；把轻松的装进心里，把沉重的丢在心门之外，才能身心轻盈地上路，走得更远。

一个聪明却"一时糊涂"、坚强却"只求一死"的姑娘，曾以出色的成绩考入省重点，却也曾在某个深夜想不开服农药自杀；她与病魔对抗多年，却在某一瞬间掉进了崩溃的深渊。这一切，全都因为20岁那年罹患的一场疾病。

读高二时，她发觉自己的手指经常莫名其妙地肿痛，这种痛逐渐蔓延到胳膊、双腿，乃至全身的各个关节。从寝室到教室不过50米远，可她却要走上半小时，止痛药对她来说根本没什么用，打针也不见好。医生诊断后告知，她患了类风湿性关节炎。

第一次高考，她因精力和体力不支，发挥失常。复读一年后，她顺利考上了大学，但此时的她病情加重，已无法像同龄人一样漫步校园——她瘫痪了。面对这样的打击，她说："我有时候在想，如果生下来就不能动，也许没这么痛苦。但我尝过自由的滋味，我也曾是一个活蹦乱跳的女孩，还渴望着上大学。突然瘫痪带给我的失落感，就像是从高空跌进无底深渊。"

此后的七年里，她一直卧病在床，如坐监牢。最初，她还能依靠读书来寻求慰藉，可当日复一日的生活变得像模板一般的时候，她也厌倦了。每天都在重复前一天的事情，看到的永远是窗口的那一小片天空，听到的永远是父母为了医疗费小声商议的声音……她恨命运，也恨自己，觉着是她拖累了这个家。深深的负罪感包裹着她，平生第一次，她想到了死。

吞食农药的那个晚上，父母急得没了魂，经过紧急抢救，总算挽回了她的命。睁开眼的那一刻，她就抱怨："为什么不让我死呢？"

一向沉默寡言的父亲，青筋暴起地说："如果你真有孝心的话，就陪我和你妈活着！将来我们不在了，看不到你了，你想怎么样就随你吧！"

"陪我和你妈活着"，这句话像刀子一样戳进了她的心，给了她必须活下去的理由。那次轻生未遂之后，她接受了现实，开始重新思考人生：我的身体虽然残疾了，可眼睛还能看，耳朵还能听，大脑依然健全，还能做一些力所能及的事。

她的事情传到了残联，接着有工作人员给她送来了书籍，并给了她莫大的鼓舞。不久后，瘫痪七年的她，第一次"走"出了家门，到县城参加"社区医学函授班"。可能是远离人群太久了，她有点自卑，怕被人嘲笑。然而，现实并没她预想得那么糟，一路上遇到了不少热心人，主动对她伸出援手。也许，在别人看来那只是举手之劳，可对她而言却是活下去的激励。

村里人都知道她学习好，所以经常会有孩子去找她辅导功课。慢慢地，辅导的孩子多了，她就萌生了办学前班的想法。家里人开始不同意，担心她是残疾人不好招生，可她却铁了心要做这件事。

学前班开学了，前来报到的学生有24人。她看着家长信任的目光和孩子们纯真的脸庞，心中充满了自豪感，感觉自己仿佛"站"了起来。她对孩子们很用心，照顾得无微不至，从办学至今，影响了上千名学生。后来，连一些苦闷的青年人，以及患病的中年人，也开始找她倾诉，在她身上汲取力量。

后来，她得到社会各界的救助，并成功做了髋、膝关节置换手术，经过一段时间的康复训练，穿上特制的鞋子，基本上已经能够重新站立起来了。2011年9月，她被《光明日报》、北京广播电台等评为了"最美乡村教师"。在接受记者采访时，她的脸上浮现出灿烂的笑容，可身体上却仍然忍着痛，她说："我早已习惯了疼痛，并学会了忽略它。只要心中有太阳，人生没有阴雨天。能为别人做点事情，被人需要的感觉，很幸福。"

面对生活，低首蹙眉、郁郁寡欢，却不如一路悠然、轻歌曼舞。纵然身处逆境，也可以选择不消沉、不颓废，在坎坷和磨砺中坚强，在苦难和逆境中成长，在痛苦和烦忧中微笑。很多时候，越过风浪，就能一往无前。当这些经历随着时间的沉淀成为往事，我们再回头品味时，会发现其中不管好的、坏的结果，苦的、辣的过程，都弥漫着让人怀念的味道。相反，如果面对挫折一蹶不振，终日以泪洗面，那么也就失去了前进的动力，自然也就丧失了站在未来理性审视过去的能力。这样的话，我们的人生会凭空丢失很多精彩的风景。

简单的生活，一样可以过得精致

曾有人在描述心中"最好的人生"时，这样说道："既有敏感的灵魂又有粗糙的神经，既有滚烫的血液又有沉静的眼神，既有深沉的想法又有世俗的趣味，既有仰望星空的诗意又有脚踏实地的坚定，经历了长夜，守到了黎明，穿行过黑暗，还相信阳光，带着强大的内心上路，脸上有卑微的笑容，一路看山看水，走走停停。"

多么诗意的人生景象啊！尽管我们不可能全都成为诗人，眼下的生活很简单、很平凡，但我们绝对有权利能给自己的生活插上诗意的翅膀。

一位生活在南京的妈妈，样貌平平却有着一颗精巧的心：一年365天，她几乎每天都变着花样给儿子做美食，营养健康自然不用说，更难得的是她能把简单的食材做成吸引孩子的图案：脸谱、金鱼、椰子树……几乎每顿饭她都拍了照片，每个星期还会公布一下具体的做法，把过程上传到博客，吸引了众多网友的关注。一时间，许多妈妈都在感叹，和这位有情调的妈妈相比，自己给孩子做的饭菜是多么"粗糙"……

一日三餐，多么平常的一件事，可是这位平凡却不普通的女性，却能让每一天都显得多姿多彩。论经济条件，她和千千万万个普通家庭没什么两样；论闲暇时间，她也需要按时按点坐班，并不是全职主妇。唯一不同的是，她并没有把准备饭菜当成一种差事，而是当成一种享受，在花样饭菜中融进了对孩子的爱，也融进了自己对生活的爱。

曾在一间大众浴池里遇到过一位女搓澡工，她给人的印象非常特别。依照常人的理解，搓澡工都是一些中年女性，只要懂点简单的技巧就完全能够胜任，但她却颠覆了客人们的想象。她的身材很好，尽管已是奔四十的年纪了，却依然玲珑有致，且皮肤并未有松弛的迹象；脸上的皮肤也很细嫩，给客人搓澡的时候，她的脸上也敷着一层面膜。更有趣的是，她并未因为工作而忽略自己，她身上的内衣价值不菲，且每次工作都是穿一整套，绝不是胡乱凑合。

后来得知，她其实是这家浴池的老板。最初，浴池只是一个小门帘，女搓澡工就她一个人，因为待人热情，且谈吐很有"见识"，许多客人都认准了她。现在店面扩大了，但她一有空还是亲力亲为，为的就是能多跟客户聊聊天。提到自己对生活的态度，她说："我出去的时间有限，大多数时间是在店里，但我从来都不愿意将就，尤其是对自己。"

许多人一提到精致，脑海里先想到的就是钱。因为精致就是讲究，而讲究必须要靠金钱来支持。其实不然，精致的生活更重要的是讲求一种内心情怀和生活的情趣。

北京一家书店的老板，年过四十，却仍旧充满了文艺气息。闲暇时，他很喜欢画画，这个爱好从十几岁时就陪伴着他。由于家里的条件不太好，当年母亲还因为这件事指责过他："你买颜料、画板，花了多少钱？要是真喜欢，就等有了钱再去画，不然日子怎么过？"

母亲经历过贫穷和饥荒，是一个踏踏实实过日子的人，无法理解用颜料和画板能创造什么财富。不只是母亲，周围的许多人也不能理解，说他装模作样，不切实际。

他从来都不解释，感觉没必要，因为金钱和艺术本就是两回事。很多人有钱，但未必懂得创造和品味高雅的生活。他对艺术是发自内心的热爱，不是为了做给谁看，更不是附庸风雅，拿出来作秀。他喜欢用画笔把自己看到的、感受到的东西画下来，这是一份对生活的感知与热爱。他经常说："人，要有把日子过成艺术的心境。"

还有一个男生，大学毕业那年，被分配到一所偏僻的山村任教。因为地处偏远，他每两个月才能回家一趟。师范时的同学大都留在了城市，他心里怅然若失。父亲大概看出了他的心事，在他任教的第三个月，父亲一路辗转去学校看他，他感动得眼圈都红了。

父亲笑呵呵地说："这儿不是挺好的嘛！有山有水，一路上全是风景。你不是最喜欢坐车的时候看风景吗？"他指着简陋的宿舍说："您瞧瞧，这有多艰苦。"父亲说："儿子，吃点苦是好事，有个词语叫作'苦尽甘来'，你忘了？吃过苦，才知道甜的滋味。再说，这里出门就是大山，这才叫'悠然见南山'呢！"听了父亲的话，他安心了许多，开始滔滔不绝地讲起了学校里的那些趣事。

几年后，男生离开了那所学校，可每每想起那段"采菊东篱下，悠然见南山"的日子，都会觉得虽简朴却充实。后来的日子，他也像父亲一样，学会了把生活过成一首诗，无论遇到什么情况，都轻松地笑笑。

看到他们的人生，你或许会对生活有另外的见解和感悟。一个人的生活，可以过得乏善可陈，也可以过得诗意浓浓，全在于自己的选择。不要把忙碌当成将就的理由，也不要把金钱当成精致生活的前提，如果你愿意，再平淡的日子也可以梳理出诗意的风景，再简单的生活也可以创造出精致的情景，心的世界永远比眼睛看到的世界更广阔。

笑对世俗，顺其自然是最好的态度

活在世上，
总会有你看不惯的人，听不惯的话，
莫名其妙加诸身上的流言蜚语。
面对世俗的流言蜚语，
不必太介怀，你有你的人生，
他有他的旅程，只要认定自己要走的路，
就义无反顾地走下去，
闲言碎语随它去，
顺其自然就是最有力的态度。

一味地迎合别人，会失去自己的格调

　　鼻子上有红红的圆球，脸上涂着厚重的彩墨，身穿诡异梦幻的衣服，做出滑稽搞笑的动作，这便是人们印象里的小丑形象。很多人都觉得，做这样一份工作应该很开心，因为言行似乎没有约束，而快乐的气场又会传染，看到观众们乐得前仰后合时，表演者的内心应当也会有一种满足感和喜悦感。

　　然而，这都只是旁观者自以为是的猜想。事实上，绝大多数的小丑扮演者，都患有不同程度的抑郁症。每天站在台上，单纯地为了取悦于人，对他们而言是一种生命不能承受之重。在那滑稽搞笑的假面背后，其实是一颗颗疲惫不堪的心。

　　取悦别人，往往需要不断地伪装自己，掩饰真实的需求和意愿。有谁的心是麻木的，有谁真的不介意呢？尽管各种社交技巧中都在强调投其所好的妙用，但凡事有度，一味地迎合别人，就会迷失真正的自己。

　　婚宴结束后，新娘麦子在房间里边流眼泪边跟闺蜜说："我真的不知道自己的选择对不对，这些年我好像都不是在为自己活着，以至于所做的每个决定都让我感到惶恐不安。"

　　闺蜜望着眼前这个梨花带雨的姑娘，不知该怎样安慰，似乎什么话在此刻都显得苍白无力。

麦子像是找到了一个发泄口,开始絮絮叨叨把过往的事情都翻了出来——

小时候跟堂妹一起玩,害怕大人说自己自私,不懂让着妹妹,每次都会把喜欢的黑巧克力给堂妹吃,而自己吃白巧克力。直到现在,堂妹还经常送给她白巧克力,以为她最爱吃,而她从来也没拒绝过,更没说自己不爱吃那个,只怕伤了堂妹的热情。

读书时本喜欢文史,最好的朋友却想读理科,因不愿失去与朋友相伴的时光,就违背自己的喜好选择了理科。看着令人作呕的物理实验和化学方程式,她觉得那两年的日子简直不堪回首。直至后来,每每感到压力大时,还会做一些跟数理化考试相关的梦。

大学时本想去外省的一所医科大学,却遭到了母亲的反对。自从父亲去世后,她就成了母亲唯一的牵挂,只因不愿让母亲孤单,她就选择了留在本市,上了一所马马虎虎的学校,读了一个不冷不热的专业。

恋爱找对象,完全是母亲和姨妈一手操办的。总说日子要过得安稳,就要找一个家境不错的对象,其他的差不多就行。习惯了被安排,习惯了逆来顺受的麦子,就这样嫁给了现在的丈夫。这份婚姻里到底有多少爱,她自己也说不清楚,只是不讨厌对方罢了。

不只是生活,在工作方面,麦子也一直是不起眼的小人物。领导说什么,她就听什么,鲜少发表自己的看法,纵然某些点子真的不错,但因没有谁提起,她也就不好开口,生怕在会议上遭人拒绝,而不懂得如何解释和辩驳。

听麦子把话说完,在她默不作声的时候,闺蜜深呼吸一口,正视着麦子说:"不管过去发生了什么事,你做了什么决定,也不管是对是错,都不重要了。我希望你明白,你是一个独立的人,在未来的日子里,你应该先成为真实的自己,而不是被冠上各种头衔、身份的'谁的谁'。经验告诉我们，不管你怎么做，也无法让所有人满意，为了迎合别人而改变自己，你会越来越痛苦，越来越不知所措。"

一味地迎合别人，势必会失去自己的特色，即便我们不是为了故意凸显自己的与众不同，也没必要用迎合来埋葬自己的特色。正如13世纪末意大利诗人、欧洲文艺复兴时代的开拓者但丁在其代表性作品《神曲》中所言："走自己的路，让别人说去吧。"潇洒一点，率真一点，人生的风景将会大不相同。

畅销书作家黄桐在《总有一次哭泣，让人瞬间长大》中写过："玫瑰花上的刺，不是为了伤害别人，而是为了保护自己。想当个好人，很好，但绝没必要让自己成为一个来者不拒的烂好人，老是成全别人，却让自己不断受到伤害。"

是的，我们总不能只为做别人眼里的"好人"，而什么事情都委屈自己。迎合就需要弯腰，当你总是弯着腰出现在人前时，别人就会习惯于你的低姿态、你的不重要。其实，很多问题都没有绝对的错与对，因为人的眼光各不相同。就像一组几何图形，有人先看到的是圆，有人先看到的是三角形，没有谁是错的，只是关注点不同而已。

NBA巨星霍华德在接受《洛杉矶时报》的采访时，直言不讳地说："我不可能让每个人高兴，我去钓鱼都可能让别人不满，他们不满我开心地度假，希望我坐在屋子里沉浸在失利的痛苦中。我确实很不开心，但我不会停止自己正常的生活。"

谈及自己在前一个赛季的表现时，霍华德承认，伤病对他的影响很大："我从肩伤中复出之后，有些人认为我没有拼尽全力，没有人愿意听一下'我刚从手术中恢复，我一直在带伤比赛'之类的话，有些批评对我是不公平的。但是，我不在意人们说什么，无论是正面的还是负面的，我都不会管，不然我就没法生活下去了。"

这番话说得很实在，如果总依照别人的标准去做人，那真的就没法生活下去了。

做一个实实在在的人，才是懂得做自己。不因为他人爱你而自以为是，也不因为别人的批评而妄自菲薄。如果你是一个乡下人，就算你假装出生在城市，也还是会被看出破绽。不如保留乡下人的本色，因为你没有必要，也不值得去讨好那些会因为一个人的出身就得出好坏结论的人。

人生是一个多棱镜，总是以它变幻莫测的每一面反照生活中的每一个人。不必介意流言蜚语，不必担心自我思维的偏差，相信自己的判断，坚定自己的立场，才能走出一条独属于自己的人生轨迹。

别因为一两句嘲笑的话就沮丧不已

昔日的一位同窗，读书时很用功，成绩也很好，当时所有人都觉着他肯定能考上名牌大学。没想到，在最后一搏的高考时，他发挥失常，最终只上了一所不起眼的师范院校。多年过后，如今的他已成家，有妻儿，是一个对未来有规划，且行走在前进路上的自由职业者。尽管事业不算成功，但他对未来充满信心，相信能让家人过得更好。

只是，他心里一直有个难解的疙瘩，就是身边人对自己的调笑。曾有亲戚对他说过："当初你学习多好啊，又那么刻苦，就是高考没发挥好……"亲戚就说了这么多，可他总在想，对方觉着自己曾经的刻苦都白费了，因为许多学习不好的人，现在的情况也不比他差。对这件事，他耿耿于怀了十几年，虽然也在不断说服自己要宽心，随便别人怎么看、怎么说，可心理上的阴影却还是摆脱不了。

身为旁观者，多数人大概都会觉得，真正的问题不是出在那位同窗的亲戚说了什么，而在于他太敏感了，太在意别人对自己的看法了。他为高考失利之事而自卑，所以也害怕别人提起这件事，总觉着那是在戳自己的痛处。

曾有人说，生活中最难忍受的不是贫穷困苦、饥寒交迫，而是被嘲笑和蔑视。想来就是这样，现实中不知有多少人跟上述那位同窗一样，在饱受着流言蜚语、异样眼光的煎熬。同时，经验又告诉我们，在自尊心面临挑战的时候，你的姿态决定了你的结局。畏惧嘲笑的人，往往会放弃自己的想法，内心强大的人，却会置之一笑，用逆袭的方式来证明嘲笑者的无聊和自己的实力。

美国前总统林肯，出生在一个鞋匠家庭。在重视门第和出身的美国上流社会，身为鞋匠之子的他，受到了许多权贵的轻视。在竞选前，林肯第一次站在参议会的演讲台上时，一位傲慢的参议员当众奚落他说："林肯先生，在你开始演讲之前，我希望你记住，你是一个鞋匠的儿子。"话音一落，场上一片哄堂大笑，许多人都想看林肯的笑话。

面对这样的羞辱，林肯表现得非常平静，没有任何的怒气。等场上的笑声渐渐停止，他才缓缓地说道："我非常感谢你，使我想起了我的父亲。他已经去世了，我一定会牢记你的忠告，我永远是鞋匠的儿子。我知道，我做总统永远不会像我父亲做鞋匠那么出色。"

会场上一片寂静，所有人都佩服林肯的勇气和智慧。这时，林肯转过头对那位傲慢的议员说："据我所知，我的父亲也为你的家人做过鞋子，如果它们不合脚，我可以用从父亲那里学到的技术为你们修改。"接着，他又向在场的所有参议员说："如果到场的哪一位脚上所穿的鞋子是我父亲做的，如果它们不合适，我都可以帮助修改。但是，有一件事我敢肯定，我永远无法像他那样做得那么好，他的手艺是无人能及的。"说到这里，林肯落了泪。

这段肺腑之言打动了在场的每一个人，所有的嘲笑和轻蔑都变成了钦佩的掌声。后来，林肯在大选中胜出，这位总统被人们认为最伟大的特质，恰恰是他的真诚、自信和不忘本。

英国哲学家罗素曾告诫世人："对付贫穷要有勇气，忍受嘲笑要有勇气，正视自己营垒里的敌者也要有勇气。"忍受指责、抱怨、轻蔑，还要日复一日地努力，确实不容易，但忍受的结果，永远会比畏惧别人的嘲笑要精彩。

几乎每个人都有过这样的体验：在没有做出什么惊天大事之前，自己所有的想法，在别人眼里就是异想天开。你信了那些话，被刻薄的嘲讽击垮了信心，那你这一生可能都会停在原地，故步自封。你大概不知道，那些站在金字塔尖上的人，也不是伴着鲜花和掌声爬上去的，他们也曾跟你一样，经历过被人讥笑的日子。不同的是，任凭别人怎么笑，怎么说，他们都义无反顾地走自己的路。

马云在和朋友成立海博翻译社时，第一个月赚了200元，而房租700元。为了让翻译社生存下来，他背着麻袋去了小商品批发城义乌，卖过礼品、鲜花，还有手电筒，几年以后创立了我国最早的互联网公司。李彦宏在美国留学时，老师笑着问他："中国有计算机吗？"八年后，他回国创建了百度。卞之琳经常被人嘲笑"说话绕弯子"，可是他写出了千万人追捧的名句"你在桥上看风景，看风景的人在楼上看你……"。亨利·布拉格在威廉皇家学院读书时，因为贫穷而一直被人看不起，甚至还有人说他穿的破皮鞋是偷来的。父亲在给他的信中写道："果真你一旦有了成就，我将引以为荣，因为我的儿子是穿着我的破皮鞋努力奋斗成功的……"结果，他成了物理学家。

这些精英们的人生经历，无疑都印证了一个事实：当你能够战胜他人的嘲笑，用自己的成功去回应这些蔑视的话时，所有的嘲笑都会被惊讶和敬佩所取代。你若轻易就改变自己的想法和做法，才真的会如他们所言，庸庸碌碌地终其一生。请记住：这个世界不是掌握在那些嘲笑者的手中，而是掌握在能够经受得住嘲笑与批评并不断往前走的人手中。你无法左右别人的言行，但你有权选择自己的姿态。

谁人背后无人说，真的不必太介怀

1935年3月8日，一代影后阮玲玉在难以承受的流言蜚语中，结束了自己年仅25岁的生命，含恨留下"人言可畏"的遗言，也印证了"舌根底下压死人"的俗语。

生活在万花筒般的俗世里，无论是谁，都免不了要承受外界的各种评论，真的、假的，好听的、难听的，任何人都无法阻止它们的出现。好话谁都不嫌多，怕就怕恶意中伤自己的谣言诽谤。真遇到这样的事时，我们不能都用极端的方式去澄清，更何况就算你以轻生来回应流言也未必有人相信你的"清白"。

有句俗话说得好："谁人背后不说人，谁人背后无人说？"有人的地方就有流言，对他人的有意贬低、恶意嘲讽，真的无须太在意。如果你被激怒了，把流言蜚语当真了，恰恰就"输"了，输掉的是自己的生活，是平和的情绪，是豁达的心胸。

多年前，一个年轻人不远千里找到燃灯寺的释济大师，见面后就开始诉苦："我只是读书耕作，从来都不传闲话，不招惹是非，可不知为什么，总有人用恶言诽谤我，用蜚语诋毁我。我实在忍受不了，想遁入空门削发为僧，远离这些红尘琐事，希望大师成全我。"

释济大师静静地听他说完，微微一笑说："施主何必心急，且同老衲到院中去捡一片净叶，你就知道自己的未来了。"接着，他就带着年轻人走到禅寺中殿旁边的一条小溪边，顺手从菩提树上摘下一片菩提叶，又吩咐一个弟子去取一桶一瓢。

很快，弟子就拿来了一个桶和一个葫芦瓢，交给释济大师。大师手拈树叶，对年轻人说："施主不惹是非，远离红尘，就如我手上的这片净叶。"接着，他随手将那一片叶子丢进桶里，又指着那桶说："如今施主惨遭诽谤和诋毁，深陷尘世枯井，是否就如这片净叶深陷桶底呢？"年轻人深叹一口气，无奈地说："我就是桶底的这片树叶啊！"

释济大师把水桶放到溪边的一块石头上，从溪里舀起一瓢水，说："这是别人对施主的诽谤，试图打沉你。"只听哗的一声，大师把那瓢水浇到桶底的树叶上。树叶在桶里激烈地翻转着，最后又漂浮在水面上。大师又舀起一瓢水，说："这是别人对施主的恶语，目的还是要打沉你，但施主请看这又会如何？"这一瓢水倒进桶中的树叶上，树叶只是晃了晃，然后又漂在了水的表面。

望着桶里的水，还有那漂浮着的树叶，年轻人说："树叶秋毫无损，只是桶里的水深了，而树叶却离桶口越来越近了。"释济大师笑着点点头，再次舀起几瓢水浇到树叶上，并说："流言是无法击沉一片净叶的，净叶抖掉了浇在它身上的一句句蜚语和诽谤，不仅没有沉底，反倒是随着诽谤的增多渐渐飘升，一步步远离渊底了。"

这时，桶里的水已经满了，那片菩提叶浮到了桶面上，翠绿的叶子如同一叶扁舟，在水面上轻轻地荡漾着，悠然自得。大师笑道："若是再有一些流言蜚语就更好了。"年轻人不解，问大师何出此言。大师不语，舀起两瓢水浇到桶中的树叶上，桶水溢了出来，而那片叶子也随之溢了出来，随着溪水晃悠悠地离去。望着飘远的菩提叶，释济大师说："这么多的流言蜚语，总算是帮这枚净叶跳出了陷阱，让它飘向远方的江河大海，拥有更广阔的世界。"年轻人恍悟,一片净叶是永远不会沉入水底的,诽谤和诋毁只会让纯净的人更加纯净。

置身于纷纷扰扰的俗世中,会有人尊重你,也会有人看不惯你,或是无中生有地给你捏造谣言。你愤怒,你怨恨,你痛苦,那都是在用别人的错误惩罚自己,无济于事。很有可能,诽谤你的人正希望你一蹶不振,懊恼沮丧。就像释济大师所言,诽谤就如同一瓢瓢水,你若是一片净叶,任它再怎么污浊,也无法阻止轻盈纯净的你浮出水面。

对待诽谤,最强有力的辟谣方式,就是用微笑去面对,让那些流言蜚语在时间和你的坦荡行为中不攻自破。在这个过程中,你当保持积极乐观的态度,切不必以受害者的身份以泪洗面、吵吵闹闹,博人同情和理解,这都是弱者的所为。当你忽视外界的流言与毁谤时,它们自会逐渐消逝。一旦你去怨恨别人的毁谤,那就似乎已承受了毁谤的存在。别忘了,鳄鱼只伤害那些怕它的人,毁谤也只伤害那些自寻烦恼的人。

美国心理学家帕萃斯·埃文斯曾说:"人们评价我们,实际上是在假装知道我们的内心世界,是在对我们的精神边界进行攻击。如果接受这些攻击,我们会暂时迷失自我,屈服于别人的控制。"

生活是自己的,不该屈服于任何人的控制。对待那些无中生有的流言恶语,把它们挡在心门之外,只当是无聊的笑话。正所谓,清者自清,无须费力去解释和澄清。美国最能干的总统之一罗斯福,在任的时候几乎是被诋毁包围的,有85%的报纸都在批评他。面对这样的处境,他是怎么做的呢?把所有骂自己的报纸都剪贴起来,每次朋友造访,他就大大方方地拿出来,说:"你看,他们又在骂我了。"

敞开你的心,做好自己的事,走好自己的路,让别人去说吧!是大海总会海纳百川,是高山总会巍然挺立,相信清者自清,浊者自浊,谣言总有澄清的一天,不必担心那么多。

你有你的人生，我有我的旅程

离开校园后，对同学聚会这件事，圆子一直都是拒绝的。

读书时，偶尔凑在一起聊聊天，都觉得挺放松，挺亲切。走进社会后，同学之间的差距渐渐拉开，尤其是在成立了各自的家庭后，经济状况更是参差不齐。如今再相聚，言谈举止都跟过去不一样了。

圆子是普通的白领，丈夫也是私企的员工，勉强凑够首付买了房，日子过得紧紧巴巴。好在俩人都挺勤奋，上进的丈夫在单位熬了四五年后，总算升到了中层，月薪也升到了五位数。当房贷还清后，圆子总算松了一口气，对参加同学聚会这件事，也有了点底气。

以往同学聚会，圆子都是坐在一旁当群众演员，偶尔附和着说两句。其实，多数情况下，她是插不上嘴的。别人说的海岛游，她没体验过，没有发言权，也没有什么特别经验附送；别人说手里的名牌包是老公出国买回来的，她也无言以对，她手里的包背了两年，还是商场打折时买的。然而，对于最近的一次聚会，她却变得十分期待。

那天，她精心打扮了一番，特意显出自己的知性气质。席间，她也多次参与话题的讨论，并故作不经意地把丈夫的现状抖搂出来。众人一听，附和着说了两句好听的话，就转移了话题。

"今天××怎么没有来？""噢，她呀！最近没时间，跟她老公一起开了家广告公司,刚步入正轨,事情比较多,说改天再单请我们……"本以为丈夫升到中层值得炫耀的圆子,才发觉别人已经创业当老板了,她的心顿时像泄了气的皮球。

当别人热烈地谈论着那位创业者的生活时,圆子的心又不平衡了。她找个借口提前离场,回家的路上,她一边懊恼自己爱攀比的毛病,一边暗暗决定,今后再也不参加这种聚会了。

人生的辛苦,一半源自生存,一半源自攀比。

什么是攀比?把这两个字拆开来看,无论是字形还是字义,都很有意思,也可能会让我们对它有更深的理解。先说"攀"字,意指抓住东西往上爬,是由低向高的一种状态;从字形上看,是一个大人,踮起脚用手在林子里掏鸟窝。再说"比",意指比较,字形是两把匕首放在一起,威力自然更强大。如果将两个字合起来去解释,大意是:跟高于自己的人去比较,往往都会造成不伤人就伤己的后果。

一项调查显示,95%的都市人都存在不同程度的自卑感,都会有怀疑自己的时候,认为自己的境况不如别人。产生这种心理的直接原因,就是习惯把别人的生活作为自己的标杆,反反复复地去对比。殊不知,人生最悲哀的事情莫过于此。

《牛津格言》中说道:"如果我们仅仅想获得幸福,那很容易实现。但我们希望比别人更幸福,就会感到很难实现,因为我们对别人的幸福的想象总是超过实际情形。"

你以为有车有房就会比租房的日子好过,却不知道那华丽的房子背后,要承受着怎样的经济压力和精神压力;你以为创业当老板的就比给人打工幸福,却不知那个老板的头衔背后,要付出多少艰辛和努力;你以为嫁得好的女人就一辈子无忧了,却不知道伸手管别人要钱的滋味其实并不好受……别人的幸福,未必有你看到的那样美好,而你拥有的生活,也未必真如自己所想的那么不堪。

更何况，每个人的家庭不同，环境不同，经历不同，思想价值观念也不同，这直接影响着看问题的角度、处理问题的方式、解决问题的能力，以及对人生的态度。不是站在同一起跑线上的人，如何去比谁跑得更快？盲目比较，只会让自己越来越气馁，越来越自卑。

某报刊曾经采访过一位女医学教授，当时她已经65岁了，但整个人看起来并不老，甚至还透着一股活泼。记者问她，如何保养得这么好？女教授没有直接回答，而是说了自己在美国工作时经历的一件事。

有一次，她与医院里的一位主任秘书聊天。那个美国女孩子特别热情，虽然手里一刻不停地忙碌着，却热情洋溢告诉她："我们做这么多事，能让老板腾出时间做我们做不了的事，我很开心。"就是这句话，让女教授瞬间体会到，原来不攀比、不计较，竟能让人如此快乐。

后来，国内掀起了出国热，但她从来不强求儿子一定要去留学。她尊重儿子的选择，说只要他开心，比什么都重要。由于职业的原因，她在生活中见过太多生死离别，对生命的感悟也比常人更深刻，她说："一个人活一辈子，开开心心才是对自己好。总是跟别人比，心理肯定会失衡，情绪也会受影响，时间长了病也就跟着来了，倒不如凡事看开点，活得简单些。我母亲就是一个开朗平和的人，在我的印象里，她很少因为一点小事就生气，也从不会拿自家的事情跟别人比，一辈子乐乐呵呵，现在她都已经102岁了。"

一个人最可贵的地方是知道自己真正需要的是什么，追求的是什么，成为自己的主人，不为世俗的观念所惑。人生需要的是攀，而不是比。若非要去比，不如就比谁更有生活情趣，谁更懂生命的真谛，这与金钱、地位无关，只要你想，即刻就能拥有。

嫉妒和贬低别人，不会让你变得更强

清晨的海边，寂静清冷，几只螃蟹从海里游到岸边，其中一只螃蟹努力地想往岸上爬，可无论怎么努力，却始终爬不到岸上。倒不是因为它笨拙，而是它的同伴阻挠它爬上去。

不远处，有几位抓螃蟹的渔民。他们把筐子的一面打开，开口冲着螃蟹，让它们爬进来。当筐子里装满螃蟹后，再把开口关上。筐子有底却没有盖，原本螃蟹可以很轻松地爬出来，但每只螃蟹都不愿意同类跑在自己前面，只要一只螃蟹往上爬的时候，另一只螃蟹就把它拉下来。最终，没有一只螃蟹得以逃生，都将沦为餐桌上的美食。

人的智商和情商比螃蟹不知高出多少倍，但在嫉妒这件事情上，真正参透的却寥寥无几。在嫉妒心的怂恿下，争名逐利、钩心斗角、诋毁伤害一幕幕上演，这些事情带给人的折磨，远比生活和工作本身要辛苦得多。

陈浩家境贫寒，靠着助学贷款才有幸走进大学校园，生活一直很节俭。宿舍里有个叫陆凯的男生跟他关系很好，由于父母都是公司的高管，陆凯在吃穿方面很讲究，也经常会帮陈浩买一些日用品。离家千里的陈浩，在这个陌生的地方感受到了亲人一样的温暖，心里很是感激，他唯一能回报给陆凯的就是一些学习经验。就这样，两个本没有血缘关系的男生，在一起相处了四年，有了亲兄弟一般的感情。

当时，陈浩和陆凯都觉得，两个人会是一辈子的朋友，没有什么东西能摧毁这段兄弟情。可当大学毕业几年后，他们竟成了熟悉的陌生人，而这一切，都只是因为"嫉妒"。

大四下学期，陆凯的父母托关系给他在上海找了一份工作，并购买了房产。学习成绩较好的陈浩，选择了读研深造。三年后，陈浩顺利拿到了硕士学位，也准备到上海闯荡一番。幸运的是，上海的一家知名企业对他的简历很感兴趣，邀请他去面试。接到电话后，陈浩很激动，他首先想到的就是自己的好兄弟陆凯，毕竟陆凯在上海待了几年，先跟他知会一声，到时也好有个落脚之处。

起初，两个人因为阔别已久，聊得还很开心，可当陈浩把自己要去上海那家名企去面试的消息告诉陆凯时，陆凯的语气突然变了，但还是很客气地表示尽量给陈浩安排住处。就这样，陈浩挂断电话后，买了去上海的车票。

让陈浩没想到的是，当他到了上海后，陆凯并没有去火车站接他，而且电话也打不通。陈浩有点慌了，自己没带多少钱，唯一能指望的人也联系不上，怎么办呢？天色渐渐黑了，陈浩只好在火车站附近简单吃了点东西，又找了一个便宜的旅馆，勉强落了脚。坐了七八个小时硬座的他，很是疲惫，却怎么也睡不着……

第二天，陈浩早早起来，到公司参加面试。过程很顺利，但人事主管告诉他，结果要三天后才能公布。走出公司后，陈浩又给陆凯打了一次电话，依然是关机。陈浩彻底灰心了，只好又在小旅馆暂住了三天。

幸运的是，陈浩最终通过了面试，而且公司还给安排了职工宿舍。试用期结束后，表现出色的他成了一名正式员工。工作的第二年，他拿到了一笔不菲的年终奖。此时的他，又想起了自己的好兄弟陆凯，于是试着拨通了他的电话。电话那端的陆凯，觉得有些尴尬，听说陈浩在事业上的成绩时，客气地说了一句"恭喜"。陈浩提出要请他吃饭，而陆凯却以太忙推托了。

大概又过了半年多，陈浩荣升为部门里的二把手，薪资比开始时翻了一倍。在激烈的竞争中，这个出身贫寒的小伙子，总算在上海有了自己的一席之地。有一天，他接到了陆凯打来的电话，只觉陆凯支支吾吾地，想是要说什么，但又不好意思。在他断断续续的叙述中，陈浩得知，原来陆凯是被现在的单位辞退了，想请自己帮忙推荐一份工作，但顾忌面子，他自始至终都没有明确说一句寻求帮助的话。

过了一段时间后，陆凯回到了他们读书时的那座城市，他的父母在那边帮他找了一份普通的工作。这个消息，还是陈浩从其他同学嘴里得知的。他不能理解，当初那么要好的兄弟，如今怎么会变成这样，对自己冷冷淡淡，还非常不信任。他觉着，就算今后有机会再见面，也只能是陌路人了，毕竟有了裂痕的情谊，很难再恢复如初。

两个情同手足的朋友，走到了这样的地步，究竟是谁的错呢？毕竟，两个人之间没过正面的冲突。说来说去，症结就出在陆凯的心里！从前读书时，他在陈浩面前一直有种优越感，这是家境的差异导致的。等陈浩读完研究生，准备到一家名企应聘时，陆凯觉得自己的优越感受到了"威胁"，担心对方会在工作方面超越自己。果然，当陈浩被公司录用且升职加薪时，陆凯对他的态度也很冷漠，并逐渐淡出了陈浩的生活。

其实，陆凯不是讨厌陈浩，而是容不得陈浩比自己强；他渴望像陈浩一样独立成功，但凭借自己的能力却又做不到。嫉妒的火焰在陆凯的心里越烧越旺，却改变不了现实的一分一毫。陈浩失去的只是一个朋友，而陆凯失去的除了朋友，还有晴朗的生活。

巴尔扎克说过："嫉妒潜伏在心底，好比毒蛇潜伏在穴中。"嫉妒会扭曲人的心灵，荒芜多彩的人生，是对别人的长处给予的非理性的否定。

然而，任凭你如何去嫉妒、贬低别人，也无法使你自己变得更高尚、更强大。对待他人的优越，我们要学会的，是熔炼嫉妒。

所谓熔炼，就是把本能的嫉妒化为进取的动力，把不平静的心态归于平静，把蔑视他人的目光转移到自己的短处上，使嫉妒成为一种催人奋进的力量。专注于自身的提高，把自己和期望的优越拉得更近，平和地追求自己想要的，坦然地看待自己得不到的，带着这样的一颗心活着，痛苦和不安还能在何处扎根呢？

抛弃虚荣，人生才会活得坦荡从容

某高校的一位教授，亲眼看见过这样一件事：

端午节前几日，一位农村妈妈来看望在此校读大学的儿子。她穿着朴素且略显土气的衣服，挎着一篮粽子。她的儿子在校门口"迎接"了她，却并没有让远道而来的妈妈到食堂喝口水，而是避嫌似的催促她快点回去。妈妈把一篮粽子递给他，他决绝地推托着不收。最后，这位母亲只好原封不动地带着粽子往回走。背影里，那位妈妈抹了一下泪。

这位教授说，他认识那个男生。他的老家在农村，是学校的贫困生，学习成绩一直不错，自尊心极强，比较内向，也很少和同学沟通交流。当天，他发现这个学生正在校门口与一位五十多岁的农村妇女争论着，就站在不远的地方关注着，听了好一会儿才知道这位农村妇女是他的母亲。

母亲因为儿子春节没有回家过年，思子心切，就从千里外的老家赶来看望儿子。知道儿子从小爱吃她包的粽子，特意包了很多，想让他带给同学们尝尝。然而，母亲的突然造访，不仅没有让这个男生感到欣喜，反倒让他很震怒，他担心别人看到了衣着破旧的母亲，会让自己今后在班里很难抬头做人，就催促母亲快点离开。在这个过程中，母亲几次小心地说："要不要把粽子留下来？可以分给同学尝尝。"男生却有点不耐烦地说："你快走吧，谁还吃这个东西？"说完，就转身进了校门。

教授看到这一幕，追上了边走边抹泪的母亲，想劝她到学校看看。这位母亲见有老师追上来搭话，急忙抹掉眼泪，强颜微笑，连声说"没事，没事"，并谢绝了教授的邀请，说："家里还有活要忙"。说完就急步离开了。

不敢坦然承认经济拮据的现实，不能辨识生活里孰轻孰重，担心同学发现自己的贫穷而忐忑不安，不惜赶走千里迢迢来探望自己的母亲。这不是自尊，而是虚荣！也许此时此刻他会觉着，这样做是顾全了颜面，但等他为人父母时，他会知道被孩子残忍地拒绝是多么痛心的事情。待到那时，不知他还有没有机会去对母亲说一声"对不起"，也不知道他还有没有机会能得到母亲的原谅。

一个人的内心被虚荣所笼罩时，待人接物很难做到坦坦荡荡，总会担心被人看不起。若是遭遇了冷眼，更会觉得压力难以承受，甚至不惜代价去创造条件让外界接纳自己，高看自己。殊不知，如此行事恰恰暴露了自己内心的虚弱和自卑。一个真正强大的人，永远不会去背负虚荣的十字架，他们会在坚韧中去奋斗，在自信中寻找自身的价值。

有一次，亨利·福特到了英格兰后，在机场咨询处询问当地最便宜的旅馆。接待员认出了他，前一天还在报纸上看过他的大幅照，报道称这位大富豪要来此地。现在，亨利·福特就站在这儿，穿着一件像他一样老的外套，还要找最便宜的旅馆。

接待员说："要是我没有弄错的话，您应当就是亨利·福特先生吧？我看过您的照片。"

亨利·福特回答："是的。"

接待员似乎很不解，问："您穿着一件这么老旧的衣服，还要最便宜的旅馆，真不可思议。我见过您的儿子，他总是询问最好的旅馆，且穿的衣服也很考究。"

亨利·福特说："是啊，我儿子是好出风头，他还没有适应生活。对我来说，没必要住昂贵的旅馆，我到哪儿都是亨利·福特。就算在最便宜的旅馆里，我也是亨利·福特，这没什么两样。这件外套是我父亲的，但是没关系，我并不需要新衣服。我是亨利·福特，即便我赤裸裸地站着，我也是亨利·福特。"

多么精彩而又尖锐的回答！生活要的就是这样一份敢于承认自己的勇气。也许，你的外套比亨利·福特的更昂贵，但这能说明你比他富有吗？也许，你住过的旅店比亨利·福特住过的要高档，但这能说明你比他更有身份吗？借助外物去标榜自己的人，只能说明对自己缺乏信心，极力地需要用外物吸引他人的目光，从而间接地"抬高"自己。真正自信的人，从不会向任何人炫耀自己的力量，因为心中有数，他们更愿意留着精力去做一些有意义的事。

法国著名画家贝罗尼，曾经在瑞士度假期间，每天背着画架到各处写生。有一天，他在日内瓦湖边专心作画，旁边来了三位女游客，看了他的画后就开始指手画脚地批评起来，一会儿说这不好，一会儿说那不对，而贝罗尼都按照她们的意见一一进行修改，最后还跟她们说了一声"谢谢"。

第二天，贝罗尼到另外一个地方，碰巧又在车站看到了昨天的那三位妇女，她们交头接耳地在说着什么。片刻后，那三位妇人也看到了贝罗尼，就朝他走了过来，问道："先生，我们听说大画家贝罗尼正在这儿度假，所以特意来拜访，你知道他现在住哪儿吗？"

贝罗尼朝她们弯弯腰，回答说："不敢当，我就是贝罗尼。"三位妇女很吃惊，想起前一天的不礼貌，深感歉疚。

弗兰西斯·培根说："好荣耀的人是明哲之士所轻视的，愚蠢之人所艳羡的，谄媚之徒所奉承的，同时他们也是自己所夸耀的言语的奴隶。"

　　虚荣会让我们忘记什么是最重要的，什么是自己想要的。浮于表面的荣耀，会让我们成为虚荣的奴隶，活在别人的眼光和口舌之下。这样的人生太疲惫，也太不真实。时刻保持理智，正确认识自己，才能活出一份坦荡和从容。

处处算计未必就能过上好日子

相传,释迦牟尼刚开始向人们传教时,遇到过诸多难以想象的困难和阻碍,有时甚至会受到他人的公然挑衅和人身攻击。庆幸的是,他每次都凭借自身的智慧、毅力和人格力量,化险为夷,缓和矛盾。

一次,释迦牟尼安静地走在大街上,迎面走来一个凶神恶煞的婆罗门。这个人对佛教十分仇视,几乎到了疯狂的地步。看到释迦牟尼后,他怒火中烧,一条毒计涌上心头。他手握一把沙子,小心翼翼地走到释迦牟尼背后,想向他的头上撒去。就在沙子扔出去的那一刻,突然刮起了一阵风,沙土全都飞到了他自己的脸上,迷了他的眼。

婆罗门气坏了,想要跟释迦牟尼发火,却也知道是自己理亏。只见他满脸通红,狼狈地站在原地,许多路人都看到了刚刚的那一幕,朝他抛来嘲笑的目光。面对周围那些锐利的目光,婆罗门不好意思地低头离去。

生活中也有类似的事情发生,个别人心胸狭隘,嫉妒心强,见不得别人好,总是想尽办法去算计,费尽心机地给人制造麻烦。然而,俗话说得好,做贼心虚。他们在做这些事的时候也是提心吊胆的,怕被人看穿,也未必都能得逞。有时,一个疏漏就把自己算计进去了。当真相大白于天下的时候,遭到的全是别人的嗤之以鼻和不屑一顾。

算计别人,是一种拉低人品修养的行为,也是一种自寻烦恼的选择。

美国心理学家威廉通过多年的研究，证实了一件事：但凡对物质利益太能算计的人，往往都是很不幸的人，甚至是多病和短命的，其中有90%以上的人都患有心理疾病。他们痛苦的时间和深度，比不善于算计的人高出许多倍。说得通俗一点就是，许多人再能掐会算，再处处使心眼，却没有过上好日子。

威廉依据多年的实践，列出了500道题，以此来测试"谁"是"太能算计者"，其中有一些问题很有趣，比如：你是否同意把一分钱分成几份花？你是否认为银行应当与你平分利息？你是否经常后悔买来的东西不值？你是否觉得自己经常处于上当受骗的位置？你是否因为给别人花了钱而闷闷不乐？你是否梦想另一个人的钱会变成你的……

精于算计的人，往往活得很辛苦。对此，威廉教授有许多珍贵的总结，比如：爱算计的人经常会失去平静，处在焦虑的状态中；经常对周围的人和事感到不满，内心很难得到平衡与满足；每天活在琐碎小事中无法自拔，只看眼前而不思长远；太渴望得到，不能轻松地生活；总是关注阴暗面，事事设防，对什么都充满怀疑。

其实，拿出上述这些弊处的任何一条，加诸某个人的身上，都会像山一样沉重，让生活变得疲乏不堪，失去色彩。可想而知，要同时承受所有的心理压力，是怎样的一种感受。无论从道德修养上来说，还是从心理感受上来讲，算计别人的想法都是不该有的，这种无底线的作为，最终伤害的只能是自己。

有个故事讲到，一个男子用骆驼运货，他很羡慕另一位商人拥有一批健硕的马，就想用自己的骆驼去换那匹马。他对商人说："我的骆驼扛东西多，速度也快，只是我现在不运输那么多货物了，留着也是浪费。我看你一直做生意，不如就卖给你吧！"

商人说："但我已经有一匹马了，再买一只骆驼有点多余。"

男子说:"那好办,你可以用这匹马来换骆驼,我就当吃点亏吧!"

商人摇摇头,说:"这匹马陪伴我多年了,是我最好的伙伴,我不能跟你交换。"

男子心有不甘,随即想出一计。第二天他,他故意装病倒在商人必经的路旁。好心的商人经过时下马察看,并将男子扶到了马背上,准备送他去看医生。男子计谋得逞,立刻坐了起来,对商人说:"现在,我已经骑到马上,马就是我的了。"

商人并未生气,平静地说:"马可以给你,但你要答应我,不能告诉你是如何得到这匹马的。"

男子疑惑不解,问:"为什么?"

商人说:"你如果说了,以后再有人病倒在路边,就没人敢救了;如果刚巧病的人是你,结果就更糟糕了。"

男子听后,面红耳赤。商人的慷慨大度、慈悲善意就像是一面镜子,映射出了他内心的阴暗与丑陋。深感惭愧的男子,连忙下马向商人道歉,并归还了马匹。

《红楼梦》里给王熙凤的判词里写道:"机关算尽太聪明,反误了卿卿性命。"这就是在说,善于算计的人,居心叵测地设计了很多局,最后却把自己的前途和声誉都搭进去了。与其这样狭隘、沉重地活着,倒不如简单、坦荡一些,也许成不了大富大贵之人,只是过着粗茶淡饭的平淡生活,但至少不必深陷一事一物的纠缠和忧虑中。在有限的生命里,日行万步健康,夜躺木床安眠,活得光明磊落,才是最难能可贵的幸福。

为人处世，用不着斤斤计较

英国作家基普林娶了一位貌美如花的妻子，婚后不久，他就在当地修建了一栋非常漂亮的房子，准备跟妻子在那里共度余生。基普林和妻子的哥哥比特很谈得来，俩人除了亲戚关系外，也是很交心的朋友。

然而，后来一件很小的事情，却让他们分道扬镳，往日的情谊也荡然无存。

事情的起因是，基普林买下了比特的一块地皮，俩人约定好：地皮的所有权归基普林所有，但比特有权利收割这块地上的青草。可是有一天，比特突然看到基普林正在把这块草地改建成花园，他气急败坏地走了过去，冲着基普林就是一通斥责，说他未经自己允许就私自改建。基普林也不甘示弱，当场反驳："我有权在自己的私有财产上做任何事情。"这句话驳得比特哑口无言，好几天都没跟基普林说话。两个人就因为这块草地结下了恩怨。

不久后，基普林骑着自行车在路上碰到了比特，当时比特正坐在一辆双套马车上。由于道路很窄，两个人不可能同时通过，总要有个人让一让才行。比特提出，要基普林让开一下，而基普林却不肯，指责他不讲道理，还发誓要将比特告到法院。结果，基普林并没有得到任何好处。依照相关法律规定，那栋漂亮的住宅并不属于他。

许多人都在过分追求物质上的满足，体现在言行上就是锱铢必较。然而，这么做的结果如何呢？是不是真的如愿以偿得到了想要的？是不是真如预想的那么幸福呢？或许，像基普林这样的，计较来计较去，最后竹篮打水一场空的人，也不在少数吧！

当心灵被计较占据时，人往往就难以自持。这种失控或体现在言行的过激上，或体现在默不作声的痛苦中。计较是一把双刃剑，刺进他人身体的同时，也伤了自己。对那些无关紧要的小事，完全可以睁一只眼闭一只眼，就算是对那些较大的事情，也可以用合适的方式去协商解决。多点豁达和原谅，生活也会更好过一些。

一百年前的欧洲医学界，阿·居尔斯特兰德的名字几乎人尽皆知。他是一位出色的眼科医生，也是一位对眼睛进行深入研究，揭开眼睛生理光学秘密的专家，1911年被授予诺贝尔医学奖。人们敬仰他，不仅是因为他精湛的医术，还有他豁达而深厚的修养。

这件事情还要从居尔斯特兰德的父亲文诺说起，他也是一位小有名气的眼科医生，在贫民区经营着一家眼科诊所。当地有一位家境殷实的玛尔盖勋爵，他的生意涉及食品、化工、船舶等多个领域，后又在贫民区开设了一所医院。然而，当地的许多居民，包括其他地方的患者，都愿意来找老文诺看病，尽管他的诊所规模并不大。

玛尔盖很不高兴，因为老文诺以医济世，不以术致富，使得前来他的医院就诊的人很少。有人给玛尔盖出主意，让他邀请文诺到医院来主持眼科，玛尔盖不愿意，说文诺没有文凭，医院不可能录用这样的医生。老文诺听说后，气愤至极，觉得自己被羞辱了。

后来，玛尔盖发善心，让文诺的三儿子，也就是居尔斯特兰德到医院做实习医生。居尔斯特兰德憋着一口气，发誓一定要干出点样子，给父亲出一口闷气。果然，他在18岁那年凭借优异的成绩考入了医学院，学成后回到父亲的小诊所,接替了父亲的工作,跟玛尔盖医院成了竞争对手。

28岁时,居尔斯特兰德获得博士学位,他的博士论文轰动了瑞典首都斯德哥尔摩;30岁时,他被任命为斯德哥尔摩眼科诊所所长。玛尔盖见到居尔斯特兰德家族出了这样一个人物,也后悔当初把事情做得太绝了,坏了两家的关系。更主要的是,玛尔盖家的四小姐芬妮在此时患上了严重的眼疾,玛尔盖请遍了北欧各国的眼科专家,医生们都束手无策。两块黑色的云翳盖在四小姐芬妮的瞳孔上,动手术的话她很可能会失明。

玛尔盖绝望了。最后,还是芬妮提出来,请居尔斯特兰德为她诊治看看。居尔斯特兰德来了,似乎早已忘了玛尔盖当年对他的歧视,以及对父亲的排挤,他用心地给芬妮诊断,做手术,且手术很成功。

重新见到光明的芬妮爱上了居尔斯特兰德,要将自己的终身许给他,以报答这份恩情。居尔斯特兰德拒绝了,他深知自己所做的一切都是出于医生的职责,既不会因为前嫌而拒绝为芬妮诊治,也不会因为治疗成功而接受爱情。后来,居尔斯特兰德离开了家乡,到乌普萨拉大学任眼科教授。他的慷慨大度,让多年来结怨极深的两家人,彻底抹去了恩怨,避免了"冤冤相报何时了"的悲剧重演。

生活之中,难免会有碰撞和摩擦,总是记挂着不愉快的东西,怨气就会越来越大,内心的美好感受就会越来越少。与其为了过往的纠葛咬牙切齿,不如选择原谅和宽恕。其实,当你学会了宽容,你会发现做人少计较一点不会损失什么,反倒还能给自己省去许多烦恼。既有轻松的选择,何苦非要为难自己呢?

Chapter 4

不浮躁，冷眼看尽繁华，平淡对待得失

在物质与利益面前，不要被欲望的云雾遮住双眼，静下心来，看清楚什么才是人生中最值得拥有的东西。多一点儿理智，懂得人生的路要一步一个脚印踏实地去走，没有投机取巧之心，没有不劳而获之愿，就不会轻易被诱惑蒙蔽双眼，被物欲搅乱内心。

感情面前，把功利心放下一些

不知是世界太浮躁，还是人心太急功近利，多少美好的感情都被掺入了复杂的东西，不再那么清澈而纯粹，也不再那么动人心魄。映入我们眼帘的，是物质与金钱引发的一场场纠葛，是感情与欲望引发的一场场悲剧。

苏小小是一个秀气的姑娘，受过高等教育，有一份相对体面的工作。她原是一个爱情至上的人，大学期间也谈了一个男友，享受着两个人的快乐。但在步入社会后，接触的人多了，她渐渐开始挑剔男友的不足，尤其是介意他家在外地，在本市没有房子。每每跟同事聊天，听说谁买了婚房，谁认识了家境不错的对象，她的心里就酸溜溜的。一向骄傲的她，总觉得自己的条件比周围的同事好，也有资格去选择更好的对象，以及更优质的生活。

于是，她跟相恋三年多的男友提出了分手，并顺利在亲友的介绍下，认识了一个工作稳定、家境不错的本地小伙。结婚前，她向未婚夫开出了条件：装修好的房子，10万元彩礼，以及大大小小几十件家居用品。准公婆很痛快，按照所有的要求办了，唯独房子没有过户。那时新的《婚姻法》还没出台，老人说得很实在："我只有这么一个儿子，等我们过世了，这些家产都是你们的。"

然而，苏小小却因为房子没过户这件事闹了脾气，跟未婚夫又吵又闹，最后跟婆家撕破了脸。经过这一通折腾，苏小小的美好形象在老人眼里大打折扣，他们也不禁开始琢磨：这姑娘到底是要嫁自己的儿子，还是要嫁给房子和钱呢？房子给你准备好了，若是打算真心过一辈子，又何必这样吵闹呢？

　　最后，准婆婆在家里宣布，不赞成儿子和苏小小的婚事。她咬定，苏小小看上她儿子是假，贪恋房产和钱财是真。苏小小矢口否认，疾言厉色地说自己看中的就是未婚夫这个人，绝不是图钱。准婆婆很直接，说只要苏小小敢跟自己的儿子去做婚前财产公证，她就同意这门婚事，相信苏小小说的话。

　　苏小小争辩了几句话后，发现已难以改变准婆婆的立场，拂袖而去。被苏小小的吵闹折腾得疲倦不堪的未婚夫，也没有挽留这个自己愈发看不清楚的女孩。望着苏小小离去的身影，准婆婆叹了口气，说："我就是想让她表明一下心迹，她怎么就不敢去呢？让她舍弃一下眼前的利益，有伤尊严？如果真有感情，去做公证才是最有尊严的选择，若是日后有人揣测她的意图，也能理直气壮地拿出这份公证说话。现在的姑娘啊，怎么得失心这么重呢？你是合法婚姻，和心爱的人在一起，将来还会有儿女，就算感情上有什么差池，冲着儿女也不会让你一无所有啊！我只是想试试你……"

　　一个把金钱看得比婚姻更重要的人，谁有勇气和胆量来赌上一辈子的幸福呢？我们不得不承认，物质条件是生活的保障，但在感情面前如此看重得失的人，即便是给了他想要的一切，将来恐怕也难以平和的心态去经营婚姻和家庭。很多时候，一颗心迷失了方向，太渴望抓住和拥有，在暴露自己浅薄的同时，反而会让想要得到的东西溜走得更快；一颗心充满善意和温情，许多事都会变得顺理成章，如你所愿。

姑娘林燕性格温和，善解人意。结婚后，她对公婆像亲生女儿一样孝顺，日常生活起居照顾得很好，也乐意听老人说心里话。她从来没要求公婆多给自己点什么，但在婚后的10年里，公婆却把名下的房产都写上了她的名字。老人对这个儿媳很满意，对自己的儿子说："燕子虽是我们的儿媳妇，可冲她这样待我们，家里的房子就该归她。她比你这个做儿子的都孝顺、贴心。"

恰如那句话所言："不争，也会有属于你的世界。"上天永远不会辜负一个心怀善意的人，也不会厚此薄彼。把看似要紧的东西淡然地放下，人心就会变宽，世界就会变大。也许，在外物上少了一些所得，可那无形的美好，却可以滋养一生的心情。

英国诗人兰德写过一首小诗："我和谁都不争，和谁争我都不屑。我热爱大自然，其次是艺术，我双手烤着生命之火取暖，火萎了，我也准备走了。"在物质与利益面前，不要被欲望的云雾遮住双眼，静下心来，看清楚什么才是人生中最值得拥有的东西。当你可以超然物外地活着，认识到情比真金时，你会成为这个世界上最富有、最幸福的人。

切莫让外界的诱惑搅乱内心的安宁

《坛经》中记载着这样一个故事：

师徒几人在寺中打坐，一阵风吹动了旗杆上的幡。一个小和尚说："幡动了。"另一个小和尚说："不是幡动，是风动了。"而师父却平静地说："既不是幡动，也不是风动，是你们的心动了。"

灯红酒绿的世界里，时时处处都充斥着诱惑。而在万事繁华的背后，悬着的是一颗颗散乱而空虚的心。目睹得失荣辱的人生落差，有几人能岿然不动、冷眼旁观？在名利声色面前，有几人能安守己心、不受干扰？很多时候，旁人一两句不经意的话，就可能会惹得一颗不安的心荡起涟漪。

1856年，俄亥俄州的亚历山大商场发生了一起盗窃案，共失窃了8只金表，损失16万美元。这笔钱在当时看来，可谓是相当庞大的数目了。案件尚在调查期间，一位名叫罗森的纽约商人到该地批货，随身携带了4万美元的现金。当他抵达酒店后，先办理了贵重物品保管手续，又将钱存进酒店的保险柜，接着才出门吃早餐。

在咖啡厅里，罗森先生听到邻桌的人在谈论前段时间的金表盗窃案，由于是当地的新闻，他并没有太在意。到了午饭时，他又听到邻桌的人谈到此事，还说有人用1万美元买了2只金表，转手后净赚了3万美元，其他人纷纷投以羡慕的眼光，说："要是能碰见这样的好事，那该有多好！"

罗森觉得不可思议,心想:"怎么可能会有那样的好事呢?"

到了晚餐时间,金表的话题仍旧没有停歇。当他吃完饭回到房间后,一个神秘的电话打了进来:"您对金表感兴趣吗?坦白说,我知道您是做大生意的人,这些金表在本地很难脱手,如果您有兴趣的话,我们可以商量一下。至于品质,您大可到附近的珠宝店鉴定,如何?"

罗森听后,心里一阵激动。"要是这笔生意做成了,利润可比一般的生意高得多呢!"他美美地想着。他很快就答应跟对方见面详谈,最终以4万美元的价格买下了传说中被盗的8只金表中的3只。

第二天,沉浸在兴奋中的他拿起金表仔细端详,但越看越觉得不对劲儿。他把金表拿到熟人那里鉴定,结果被告知,这些金表全都是假货,顶多值2000美元。直到这群骗子落网后,罗森才明白,原来从他一进酒店开始,这些人就已经盯上他了,他一整天听到的有关金表的话题,也是他们精心设计的。骗子们在审讯中交代,如果第一天罗森没有上当,他们就会用更多的花样来诱惑他,直到他掏钱为止。

骗子设的局看似高明,但归根结底,也只能够迷惑有贪念、试图投机的人,如果罗森先生的心有足够的定力,做生意坚守原则和底线,就算是真的金表送上门来,他也会义正词严地拒绝。正所谓"君子爱财,取之有道"。罗森会上当,很大一部分原因要归咎于他自己,在高额回报面前,他若能理性一点,没被冲昏头脑,那么无论骗子使出什么样的花招,他都能够淡然处之,不为所动。

几年前热播的电视剧《蜗居》,在抓住房价这一热点话题的同时,也戳中了现代人的另一个痛处:在愈发浮躁的环境下生存,虚名浮利时刻在试探着人心,一旦守不住自己的底线,就可能会在名利诱惑的促使下,踏上危险的旅程。

单纯善良的女生海藻,从未想过要去伤害任何人,但最终她却成了破坏别人家庭的第三者，失去了人生中太多宝贵的东西。由于工作原因，她结识了有权有势、充满魅力的市委秘书宋思明。当亲姐姐海萍因买房的事情陷入各种窘境的时候，宋思明因海藻的关系向其伸出了援手。已有男友的海藻，察觉出了宋思明对自己的好感，尽管内心有过纠结和挣扎，但她还是无法拒绝宋思明带给她的对生活的全新体验。

跟宋思明在一起，海藻尝过了从未吃过的东西，拿着银行卡阔气地买衣服，满足了她强烈的虚荣心。在跟男友分手后，宋思明送给她一套豪宅和一辆名车，而她也心安理得地接受了，并愿意为对方怀孕生子。

海藻设想着，把孩子生下后，跟宋思明一起出国，过属于他们的全新生活。然而，这种种幻想终究还是破灭了：宋思明与开发商勾结的事情败露，海藻在与宋太太的纠缠厮打中不幸流产，摘掉子宫。万念俱灰的宋思明，在路上出了车祸身亡。此时，姐姐海萍已经靠自己的努力办了一所中文学校，有了自己的房子。

一对出身相同的姐妹，却在人生的分岔路上分道扬镳。有人说，海藻是为了海萍牺牲了自己，但海萍的扮演者海清却说："我不认为海藻牺牲了自己，成全了姐姐。没有海萍，海藻一样会跟宋思明；没有海藻，海萍一样买得起房子。"海藻的失足，是因为她抵挡不住宋思明的诱惑，他的权力、金钱、言行，让她彻底沦陷其中，一步步酿成了最后的结局。

游走在浮华的世界里，每个人都会受到声色名利的诱惑，这是对心灵和智慧的双重考验。如果你内心足够坚定，多一点儿理智，懂得人生的路要一步一个脚印踏实地去走，没有投机取巧之心，没有不劳而获之愿，就不会轻易被诱惑蒙蔽双眼，被物欲搅乱内心。

克制住欲望，才会有真正的自由

古希腊哲学家毕达哥拉斯曾说："不能制约自己的人，不能称之为自由的人。"

生活在五光十色的世界里，总会有各种诱惑充斥眼球，萦绕耳边，击打心灵，若没有足够的克制力，就可能沉溺于欲望的海洋里难以自拔，最终让理智变成欲望的帮凶。当内心和行为失去了制约时，那么我们便不再是自己的主人了，而是欲望的奴隶。

数年前，一个年轻人，在大学毕业前的那天晚上，跟随寝室里的几个同学一起躺在校园的草坪上看星星。他们内心洋溢着喜悦和激动，觉得未来会像星空一样广阔无垠。

毕业后，年轻人走进了社会，跳进了水深火热的房地产领域。对待事业，他一直保持着奔跑的姿态。他越来越忙，想要的东西越来越多，欲望促使着他铆足干劲，一刻也不停歇。除了吃饭睡觉，他把所有的时间都用在谈条件、找资料、拜访客户、看计划等事情上。经过了近十年的打拼，他总算在业界小有名气。

成功带给他的除了喜悦和自豪以外，还有更深的欲望。他不再那么安稳踏实地打拼，而是想到了找捷径、炒股、投资，他的心像是一个无底洞，对金钱露出狰狞的样子，试图将它们吞没。在此过程中，他也承受着巨大的压力和诸多的烦恼。

有一天，他觉得身体很不舒服。到医院检查后，方才得知，自己患了很严重的病。他有些茫然，不敢相信这是真的，但望着诊断书上的白纸黑字，却又知道这已成事实。

那天，他没有去公司，而是一个人在家附近的公园里坐了很久，直至天黑感到有些凉了，他才起身慢悠悠地往家走。走着走着，他不由自主地停了下来，松开领带，仰头出了一口气。这时，他又看到了星星在丝绒般的夜空里闪烁，就像毕业前的那个晚上一样，而他却已想不起有多久没见过这么美丽的夜色了。

恍然间，他好像明白了许多。这些年来，他马不停蹄地奔着前程，成了多少人口中的有志青年，但他很清楚，如今的自己已经偏离了最初的轨道，那份单纯的梦想已经被掺进了太多的杂质，而今所有的痛苦和压力，都是因欲望而生。

没有理想的人生是颓废的，没有节制的追求是可怕的。很多人都误把拥有足够多的财富当作成功的标志，忙忙碌碌只为追求外物，所思所行都由此而发，把原本丰盛而宽广的人生死死地钉在了虚名浮利的一角上，把原本积极努力的自己卷入到物质利益的旋涡中，苦不堪言。理想永远要有，但欲望须有节制，不被欲望操控的人，才能体会到自由和快乐的真意。

很多登山高手都曾试图在不携带氧气瓶的情况下挑战世界第二高峰——乔戈里峰，但绝大多数人到了海拔6500米时都无法继续前进了，因为这里空气太稀薄了，几乎令人窒息。对登山者来说，想依靠自己的体力和意志征服8611米的乔戈里峰峰顶，无疑是一项严峻的考验。然而，一位名叫拉尔夫的国际登山员却突破重重阻碍，顺利登上了峰顶。

在事后举行的记者招待会上，拉尔夫详细地说出了自己的这段历险记。

拉尔夫认为，在突破海拔6500米的登山过程中，最大的障碍是心里的各种翻腾和欲念。在攀爬的过程中，任何一个小小的杂念，都可能会让人意念松懈，转而渴望呼吸氧气，慢慢地丧失动力和冲劲，并萌生"缺氧"的念头，最终放弃征服，接受失败。

想要登上峰顶，拉尔夫给出的建议是："首先，你必须学会清除杂念，脑子里杂念愈少，你的需氧量就愈少；欲念愈多，你对氧气的需求就愈多。在空气极度稀薄的情况下，要登上顶峰，就必须排除一切欲望和杂念。"

有个词语叫作"止于至善"，大致是说，人应当懂得如何努力才能到最理想的境地，也要明白自己处于什么位置是最好的。没有欲望，就没有向前的动力，但凡事都当有度，适可而止，尤其是在物质名利方面，欲望越多越令人疲乏，心力交瘁，最终迷失方向，忘了当初为什么而出发，真正需要的究竟是什么。

从某种角度来说，成长和成功就是一个自我克制的过程。排除了一切欲望和杂念，在身心清净、没有杂念的干扰下，能量的消耗就会降到最低限度，从而更能专注于所做之事本身，享受钻研和努力的过程，体会到付出与回报带来的成就感，而不是盲目地追求虚名浮利，在忙碌中变得空虚而焦躁。

什么是美好的生活？不是坐拥多少荣华富贵，而是时刻拥有一颗轻松自在的心。在繁华喧嚣中，有自己的理想和追求，但也能够保持内心的淡定，懂得自我克制，抵御贪婪和欲望的侵袭，清醒地走好每一步，过好每一天。

生命里有比金钱更重要的东西

新加坡的一位美容医生，年仅40岁罹患癌症，他在临终之际录制了一段视频，内容不是感恩生命中的所有美好，而更像是一部现实版的"忏悔录"。

回忆过往的岁月，他尽是自责与悔恨。他自曝从小就很爱钱，总觉得一个人要成功才会快乐，而衡量成功的标准就是拥有财富的多少。选择医科的初衷，不是为了治病救人，而是为了赚钱。他在医院癌症部门实习时，对病人毫无爱心，冷眼旁观癌症病人遭受的痛苦，每天只希望早点下班回家。而当他自己罹患了癌症时，才知那份痛苦是多么难熬。

为了赚取更多的钱，他中途放弃做普通医生，改去做美容医生。他的美容生意很好，三十几岁时就赚到了百万，跻身到有钱人的行列中。在他眼里，病人就是自己的收入来源，他曾经鼓动那些爱美的顾客和印尼的富太太们美容，想尽办法榨取她们的每一分钱。

当他正值人生的巅峰，准备好好享受生活的时候，一个晴天霹雳把他从天堂拽到了地狱——他患了肺癌，且已到了晚期。一向高傲自负的他，情绪崩溃了，忍不住痛苦落泪。他曾以为，有钱就是快乐，快乐就是不断地追求财富，有钱就有了一切。然而，到了临终边缘时，他才发现，昂贵的法拉利轿车，想买的土地和洋房，红红火火的生意，对他来说已经毫无意义了，它们无法给自己带来一丁点的安慰和快乐。

为了避免让更多的人重蹈覆辙，他开始在网上劝人，尤其是劝行医者，要以爱心来医治患者，而不是为了金钱。他在临终时录下的视频，也是为了警示活着的人：不要把金钱尊奉成万能之物，也不要为了金钱无节制地降低底线，生命中有许多东西远比金钱更可贵。

物欲太盛的人，永远不会对生活感到满足，为了摆脱这种感觉就会竭尽全力地不断索取，在贪婪的泥沼里越陷越深。被金钱操纵的人，眼睛里没有平和，没有快乐，只剩下焦急与恐惧，死死盯着别人的富足与权力，强迫自己继续透支心力，追赶那永无终点的目的地。把追逐金钱作为人生唯一的目标和动力之源，那么终其一生都只能是金钱的傀儡。

利奥·罗斯顿是美国最胖的好莱坞影星，1956年在英国演出时，因为心肌衰竭被送进汤普森急救中心。医护人员用了最先进的设备，最好的药，但仍然没能挽回他的生命。临终时，罗斯顿绝望地自言自语："你的身躯很庞大，但你的生命需要的仅仅是一颗心脏。"罗斯顿的这句话，深深地触动了在场的哈登院长。为了悼念罗斯顿，同时也提醒那些体重严重超标的人，哈登院长决定将罗斯顿的遗言刻在了医院的大楼上。

1985年，一位叫默尔的美国人也因为心肌衰竭住进了这家医院。他是一位石油大亨，两伊战争使他在美洲的公司陷入了危机。为了摆脱困境，他不得不奔走于欧美之间，最终累得旧病复发，住进医院。他在汤普森医院包了一层楼，设置了五部电话和两部传真机。对此，当时的《泰晤士报》这样写道："汤普森——美洲的石油中心。"

默尔的心脏手术很成功，在汤普森住了一个月就出院了。不过，他没有回美国，而是去了苏格兰乡下的一栋别墅，那是他十年前买下的。1998年，汤普森医院百年庆典，邀请默尔参加。记者问他："你为什么卖掉自己的公司？"默尔指了指医院大楼上的那一行金字。不知道记者是否理解了他的意思，总之在当时的媒体上并未找到与此有关的报道。后来，人们在默尔的传记中发现了这么一句话——富裕和肥胖没什么两样，只不过是获得超过自己需要的东西罢了。

人生的价值不能只看钱，成功的定义是多方面的，除了金钱还有许多东西值得去追求。如果脱离了精神上的追求，只剩下对物质的追求，那么生活就会变得空虚，思想也会堕落。更重要的是，你在未来的人生中，都会感到身背重负，寸步难行。

坚守人生的底线，别输给贪念

卢梭说："人的自由并不仅仅在于做他愿意做的事，而在于永远不做他不愿意做的事。"

生活在一个价值多元化的时代，如何来理解这句话呢？或许就是，我们无法保证时时刻刻都能够做自己想做的事，但我们起码可以不做自己不想做的事。在形式上，可能无法与世俗争斗，但在内心却可以保留一个自己的王国。换句话说，就是在学会妥协的同时，保留自己的底线，坚持自己的原则。一旦丧失了底线，当时可能会感受到快乐，但这种快乐往往都是短暂的，有时换来的是一辈子的懊悔。

一个女生从传媒大学毕业后，经亲戚介绍到一家地方电视台工作。尽管这个单位并不算太有名气，但依然令周围的同龄人羡慕不已。毕竟女孩是学电视编导的，毕业后就能进对口的单位，着实是一件幸运的事。

电视台的主任跟女生的亲戚关系不错，所以她从入职开始就受到了一些关照，也算是深得领导的喜欢和信任。虽然每天忙忙碌碌的，但工作也谈不上太辛苦。有一次，主任让她到一家公司采访一位劳模，她刚到那家公司，就被人事部的经理拉去吃饭。席间，对方说了许多恭维她的话，初出茅庐的她从来没有听过这么多夸奖自己的话，心里很是激动。饭后，人事部经理还塞给她一个3000块钱的红包，希望她能在节目中替他们公司一个即将上市的产品做一个小广告，而她也爽快地答应了。

没想到，当节目播出后，麻烦来了。她在节目中推广的那个产品，其实是质量不达标的，这给电视台的形象造成了极其恶劣的影响。由于她是新人，又犯了这么严重的错误，台长知道事情的来龙去脉后，直接将其辞退，而那位主任也受到了牵连。

统观整件事情，不能说女生只是因为缺乏工作经验，在不经意间犯了一个严重的错误。她在尚未弄清楚产品的性能和品质时，为了几句恭维的话和区区3000块钱的红包，就毫不犹豫地替人做广告，这本身就违背她的职业道德和为人的信誉。假如这一次产品没问题，效果也很好，那么很有可能，这个女孩会在错误的道路上越走越远，直至犯下更大的，甚至是无法挽回的错误。待到那时，她的人生会有怎样的结局，真的难以想象。

先哲柏拉图认为，人要做自己的主人，先得知道自己应当成为什么样的人，以及如何去做。同时，还要抵抗来自欲望上的诱惑，不能让贪念支配意志。人生就像是登山，会遇到诸多险关和陡坡，稍不留神就可能前功尽弃，甚至有丢掉性命的危险。对待欲望，要像对待烈马一样，既要接受它的烈性，还要驯养它顺着正确的方向去走。不乱来，有欲有求，适可而止，才会有安稳的人生。

美国内战时期的一次战役中，南方奴隶主率领的军队将萨姆特堡包围了。北方军队的一位陆军上校接到命令，要极力保护军用的棉花。接到命令后，他即刻对自己的上级保证，绝不会让任何一袋棉花丢失。

不久后，北方一家棉纺厂的厂长来拜访这位上校，他想拿走这些军用棉花，希望上校能睁一只眼闭一只眼，并以5000美元作为感谢费。上校很愤怒，当场指责道："你们怎么会有如此卑劣的想法？战士们正在前方拼死作战，你们却想拿走他们的生活必需品。赶紧给我走开，不然我就开枪了。"那位厂长见势不妙，就灰溜溜地走了。

战争的爆发让美国南北两地的交通运输严重受阻,不少南方农场主生产的棉花运不到北方。这样一来,北方许多需要棉花的商人就只好来求助上校,声称如果他肯帮忙的话,愿意给他1万美元作为酬劳。

上校的儿子当时生了重病,已经花掉了家里的大部分积蓄,就在这些人来之前,他刚刚接到妻子的电报,说已经快无力支付医药费了,请他想想办法。上校知道,这1万美元对他来说就是儿子的命,有了钱儿子就有救了,但他还是回绝了这笔贿赂款,因为他向上司保证过,绝不会让一袋棉花丢失。

又过了不久,第三拨人来了,给他的贿赂金提升到2万美元。上校这一次没有破口大骂,赶走对方,而是很平静地告诉对方:"我的儿子正在发烧,烧得耳朵听不见了,我很想收这笔钱,但我的良心告诉我,我不可以这样做。我不能为了自己的儿子,害得十几万士兵在冰天雪地里没有棉衣穿,没有被子盖。"贿赂他的人听到这样的说辞,都对上校的品格感到敬佩,并带着惭愧离开了。

后来,上校找到他的上司,明确地告知:"我知道自己应当遵守诺言,但我儿子的病很需要钱,而我处在这个职位上每天都要面对很多诱惑,我担心自己有一天会把持不住而受贿。所以,我请求辞职,希望您派一个不急需用钱的人来担任这个职位。"上司被他的诚实与正直打动了,最终批准了他的辞职申请,并帮他筹措了资金给孩子治病。

现实中不是每个人都有这样的勇气和定力,尤其是在面对金钱、权力、地位的诱惑时,更是容易忘记良心和底线,不择手段地去谋取私利。然而,随着金钱的不断增多,他们在享受着那份刺激的同时,内心的恐惧也会不断加深,担心被告发、被算计、被抢劫,这种焦虑会导致心理严重失衡,跟享受靠自己能力创造的财富的感觉完全不同,没有任何的成就感可言,更多的是提心吊胆和战战兢兢,可能还会给自己带来祸患。

人心的贪念，就好比买鞋时总想挑大的，认为都是花一样的钱，买小的就亏了，却不思考自己的脚究竟适合穿多大的鞋。看清楚自己追求的东西是不是适合自己，只有找到合适的鞋，才能把人生路走好。贪念太多，鞋子太大，反而会阻碍自己的前进，磨得满脚伤痕。

别用错失的感情捆绑整个人生

西方心理学中有一个"契可尼效应",大致是说,人们对已完成的、已有结果的事情极易忘怀,对中断了的、未完成的、未达目标的事情却总是记忆犹新。换而言之,越是得不到的,越是想得到,所有的美好都在"山那边",身在近处,想念远处,身在此岸,向往彼岸。

女青年Y如今已36岁,依然待字闺中。这十几年来,亲戚朋友给她介绍的对象络绎不绝,却没有一个能入得了她的心。她总能挑剔出对方身上那些算不得问题的"毛病",比如发短信时有错别字。年迈的父母虽不催嫁,但始终为她的婚事操着心。

有一天,Y因琐事跟父母争吵起来,说了很多戳人心窝的话,闹到母亲落泪,父母叹息。站在一旁的妹妹,目睹了所有的经过。Y把自己关在房间整整一天,晚饭也没吃。向来沉默寡言的妹妹,推开她的房门,坐在她旁边,轻轻地说了一句:"姐,别为难你自己了。这个世界上,只有一个××。"

听到那个名字的时候,Y愣住了。她从没有在妹妹面前说起过这个人,却不料妹妹早已看穿了自己所有的心事。那是Y的高中同学,也是住在Y心里多年的人,可惜对方心有所属,大学毕业后就结婚了。Y一直把他装在心里,每遇见一个人就会不自觉地拿他做标杆,大概是得到的最好吧，看谁都觉得不如他，也就一直没有结婚。其实，在那些相亲对象中，有几个论样貌、才能、家境，并不比Y逊色，只是Y封闭了自己的心，不允许任何人走进去。

世间有许多事情是不能强求的，感情就是如此。不是你付出了就一定会有回报，也不是你爱得越深就越会被珍惜，更不是你期待的最终都会如愿。总要是碰到对的人，两情相悦，才会有故事。一厢情愿的爱情，最终苦的只有自己，看不透，解不开，就只能在迷雾里和自己纠缠。

还有一位俊朗的青年，文笔出众，才华横溢。生活中，他也是个"讲究"的男人，不管什么时候到他的住所，永远都是干净整洁的，他还能做一桌拿手的好饭菜。为此，周围不少女孩都青睐于他，纷纷展开追求。可惜，年过30的他似乎从未对那些追求者动过心，任她们如何献殷勤，如何展现温柔体贴，他都不为所动，而后委婉地拒绝。

事实上，不是他不想恋爱，而是他过不了心理上的那一关。读大学的时候，他曾经交往过一个女朋友，那是他的初恋。对方是一位非常优秀的女孩，她本身学的是英语专业，能说一口流利的英文，同时也是学校里的文艺分子，还担任着学生会的干事。他们两人的感情很好，只可惜天妒英才，在临近毕业的那一年，女孩在回老家的途中遭遇了车祸，永远地离开了这个世界，离开了他。这件事给他的打击太大了，他根本接受不了。得知这个消息后，他整个人都崩溃了，过了半年左右，才稍微振作一些。

如今，那件事已经过去整整10年了。尽管这些年他的周围也出现过很多不错的女孩，可在他心里，谁也无法跟那个离开人世的女友相提并论，他总在想："如果她还活着，一定有大好的前程；她的性格非常好，我们很合得来，我不敢保证还有人能比她更适合我；如果她还活着，我们现在已经……"

在多数人心中，溜掉的鱼儿总是最美的，错过的电影总是最好看的，得不到的恋人总是最难忘的。然而，那个得不到的人，究竟有没有那么好，值不值得用一生去怀念呢？还是因为这段恋情没能开花结果，成为"未能完成的""中断了的"事情，无法真实地体会到那种得到的感受，就把没有得到的东西完美化，无限地扩大了"她"的美好呢？

动物园里，饲养员喂猴子时，不把食物放在它们够得着的地方，而是放进树洞里。猴子们想尽办法去"够"树洞里的食物，最后学会了用树枝把食物从树洞里弄出来。饲养员说，那些其实并不是什么好东西。

人又何尝不是如此？我们常常忽视身边的东西，唯有那些和自己有点距离的，需要踮起脚尖才能够到的，甚至望尘莫及的，才让我们心动不已。殊不知，得到的也未必就那么好，摆在自己眼前的也未必就那么不堪。如果只顾看着远方遥不可及的海市蜃楼，就会白白错过近在咫尺的良辰美景。一味地去"够"那些跟自己有一定距离的东西，会让我们付出代价，这种代价可能是时间、精力、健康、财富、自尊、爱情等等。纵然这一秒得到了，下一秒可能还会有自己贪恋的，于是舍弃了手里的，再去追逐新的，什么时候才能停下来呢？

生命是有限的，人不该一直生活在纠结和郁闷中，要努力从望尘莫及、追悔不已、怀念过去中走出来，看看周围爱自己的家人朋友，数数自己生活中已经拥有的东西，想想自己此刻还能做点什么力所能及的事。为了想象中的美好事物浪费精力，放弃当下，实在太可惜。

得失看淡一点，人生就可以不苦

《我可能不会爱你》里有这样一幕戏，女演员在小剧场里对着周围寂静的空气说："我花了一辈子，去学一件事，拥有就是失去的开始。但我终究还是学不会，我没有办法接受，拥有青春，其实已经开始失去青春。拥有婚姻，其实已经开始失去婚姻。拥有名声，其实名声也会失去。拥有了财富也一样，健康也一样，就算养一只狗也一样，拥有爱……天啊，失去爱更让人无法接受。为什么我们珍惜的东西，其实在拥有的时候就已经开始失去了呢？如果我不曾拥有，就没什么好失去的了，不是吗？"

每个人心里都有一杆天平，左右分别放着"得"与"失"的筹码。多数情况下，这杆天平都难以平衡，总是颤颤悠悠地晃荡，因为多数人都渴望"得"多一些，"失"少一些，在患得患失间挣扎。有时，得到的多点儿就会倍感欣慰，失去的多点儿就会捶胸顿足，一颗心总是七上八下地悬着，飘忽不定。

很多人都在问："有没有什么办法能让天平安稳下来？或者说，有没有什么办法能让得与失平等？"很遗憾，生活不能尽如人意，许多事情不是人为可以掌控的。我们唯一能做的，就是把天平两端"得"与"失"的筹码统统拿掉，不再时时刻刻记挂着得失，才能找到心灵上的平衡与安宁。

尤利乌斯是个不太有名气的画家，他的画作充满快乐，所有的灵感都来自于自己的生活，别人怎么看他的画，他全然不在乎。正因为此，很少有人买他的画，他的日子过得也有些拮据。偶尔，尤利乌斯会觉得有点伤感，但这种情绪很快就会过去。

一天，他的朋友劝他说："去买一注足球彩票，试试运气吧！花2马克，说不定就能赢来很多钱呢！"尤利乌斯对彩票等事一窍不通，从来没买过，可听朋友说得那么神奇，就花了2马克买了一注彩票。没想到，他竟然真的中了奖，一下赚到了50万马克。

他很开心，随即就给自己买了一幢别墅，还特意进行了装饰。尤利乌斯是个艺术家，家里的摆设自然也很有品位：佛罗伦萨的小桌，维也纳柜橱，阿富汗地毯，迈森瓷器，古老的威尼斯吊灯……尤利乌斯很喜欢这栋房子，他经常坐在地毯上，点燃一支烟，享受他的幸福。

有一天，他突然觉得有点孤单，想去探望许久未见的朋友。他和往常一样，习惯性地把烟头往地上一扔，就出门了。未熄灭的香烟，很快就引燃了华丽的阿富汗地毯、维也纳橱柜……几个小时之后，漂亮的别墅被熊熊大火烧成了废墟。

朋友听闻这个消息，纷纷来安慰尤利乌斯，说他太不幸了，对他表示同情。尤利乌斯不以为然，反问朋友为什么会这样觉得。朋友说："你那几十万的别墅失火了，你什么都没有了。"尤利乌斯像什么事也没发生一样，说道："不过是损失了2个马克。"

要让世人像尤利乌斯这般不拘小节，恐怕很难做到，我们要效仿的是他那份看淡得失的心态。恰如一位智者所言："人生有三种苦：得不到，所以痛苦；得到了，感觉不过如此，也会痛苦；放弃了，却又发现那对自己那么重要，还觉得痛苦。可见，得不到、得到了、放弃了都令人痛苦。若能保持平常心，把得失看淡一点，人生就可以不苦。"

内心不安，幸福就无法存活。当心灵超越了患得患失的贪婪，人生就会轻松许多。

六年前，为了周转资金，让自己的小公司正常运作下去，他狠心卖掉了自己的房子。那是他和妻子婚后第三年才买的房子，熬过了裸婚时代，好不容易有了一个安稳的家，刚装修好没多久，他又要把这个"家"卖出去了。房子出售的价格并不高，刚刚够维持一年的开支，而他和妻子又要重新过上租房的日子。

谁知，就在卖掉房子后的第二年，由于当地拆迁，房价翻了不止一倍。很多人开始在他耳边念叨："你的房子卖早了，如果不卖的话，现在你可是坐拥百万资产了。"他何尝不知道房价的上涨趋势呢，但房子终究已经卖了，不是自己的了，现在懊恼悔恨有什么用？更何况，在当时那种境况下，若不卖房子，公司就面临着破产的结局。正是那笔钱，让公司顺利渡过了难关，逐渐步入正轨。所以，不管别人说什么，他都不去多想。

现在，他的公司已经扩大了规模，年收入已有百万了。看似错失的那笔"房价"，实则已经在另一个地方发挥出了更大的用途。正因为历经了这件事，他对生活、工作上的许多道理看得更透彻了。人不能太计较得失，太在意得失，否则的话，很有可能因为一些小得小失而变得目光短浅，思想狭隘。

人生就是这样，处处充满了得失，谁也不敢保证每一个抉择都是最好的，更不能人为地控制明天发生的事。太过患得患失，就会扰乱平静的思绪，给心灵包裹上一层厚厚的茧。

对待生活，或许我们更该听听诗人安瓦里·索赫的建议："让世俗的万物从你的掌握之中溜走，不必去忧心，因为它们没有价值；尽管整个世界为你所拥有，也不必高兴，尘世的东西只不过如此。"

戒骄戒躁，路要一步一步地走

日本有两位技艺高超的剑客，一位是宫本武藏，另一位是柳生又寿郎。

当年，又寿郎拜武藏为师。学艺时，他总问师父："您看，依我的资质，多久才能练成一流的剑客呢？"

武藏直言相告："至少要10年。"

又寿郎不满，说："10年太久了，如果我勤学苦练，多久才能达到这个目标呢？"

武藏回答说："那恐怕要20年了。"

又寿郎不解，再问："要是我晚上不睡觉，夜以继日地练呢？"

武藏摇摇头，说："那你必死无疑，不可能成为一流的剑客。"

又寿郎更糊涂了，向师父询问原因。

武藏说："要当一流的剑客，先决条件就是，永远保留一只眼睛注视自己，不断反省自己。现在，你两只眼睛都只盯着剑客的招牌，哪儿还有眼睛注视自己呢？"

这番话让又寿郎幡然醒悟，他收起浮躁和急切，专心练剑，终成一代名剑客。

在这个讲究"时间就是金钱"的社会里，一切事物似乎都被赋予了速成的期望。尤其是当这样的言论充斥在耳边时，更是惹得许多人满心焦虑："假如人能活100年，其中睡眠占用30年，吃饭占用10年，穿衣梳洗打扮占7年，走路旅游堵车占7年，打电话1年半，打电话没人接1年10个月，看电视4年，上网12年，闲谈8年半，找东西1年8个月，购物1年半，年轻时打架斗殴，成家后夫妻吵架，有小孩后骂骂孩子又去掉5年，擤鼻涕10天，剪指甲15天，意淫8天，最后剩余时间大概为10年。10年你能干什么呢？"

我们总担心，青春太短，梦想太远；我们又总担心，起步太慢，落后于人。买来两三年的名著读本一直被放置在书架上，落满了尘土也未曾翻开过；抚平情绪的经典名曲还没听完，就直接播放到下一曲……一切都只是因为没时间，害怕浪费时间，似乎总有更重要的事情要去做，本该按部就班、一步一个脚印去走的路，也被人为地按下了"加速"键，试图早点抵达目的地。生活、工作、梦想，真需要这么急切吗？如此急切，真能如愿以偿得到想要的吗？

2009年底，"新世纪10年阅读最受读者关注十大作家"的颁奖礼上，一位获奖者没有到场，而是请朋友代为领奖。在念那段获奖感言时，全场从一片喜庆祝贺的氛围中，渐渐地安静下来，许多人都陷入了沉思中。场上，话筒里传出这样的声音："这是一个每个人都在跑的时代，但是我坚持用自己的步调慢慢走，因为我觉得大家其实都太快了——就是因为我还在慢慢走，所以今天来不及到这里领奖。"

这位获奖者，就是中国台湾著名漫画家朱德庸。2011年，他在《南方周末》上发表了一篇专栏文章，题为《在一个时代里缓慢行走》。他的见解惊着了不少人，也让更多的人开始反思自己的生活。他表示，这个时代的人并不像自然界中顺着天性去发展，而是变得情绪越来越焦杂，感觉越来越淡薄。更糟糕的是，这个世界所有的城市面貌愈发相似，人们的生活方式也愈发雷同。

朱德庸的作品一向很受欢迎，因为他能在幽默机智的画里折射出一个时代的问题。他说，这个时代和我们开了一个巨大的心灵玩笑：我们周围所有的东西都在增值，只有我们的人生在悄悄贬值。世界一直往前奔跑，而我们大家紧追在后。他问，可不可以停下来喘口气，选择"自己"，而不是选择"大家"？可不可以不再为了追求速度，而丧失了我们的生活和生长的本质？

他在《大家都有病》的漫画作品中讲到，这本作品从构思到最后出版，前后经历了整整10年。他把这本书献给读者，也希望读者们能和自己一起，用每个人自己的方式，在这个时代里慢慢地向前走。

梦想也好，生活也罢，从来都不是该急躁的事。因为不是所有的"快"都能带来效率，也不是所有的"慢"就都没有出路。好比昙花一现，虽然一瞬间的美丽惹人怜爱，却总因刹那陨落而难以在百花争艳中彰显芳容；参天古树往往都枝繁叶茂，岁月愈长久主干愈挺拔，只因它不急于一时的汲取，百年根基，扎深扎稳，才有了不畏暴风骤雨的威严。

与朱德庸的《大家都有病》相似，历史上很多名著的诞生也是一个非常缓慢的过程，比如曹雪芹写《红楼梦》用了10年，法布尔写《昆虫记》用了34年，歌德创作《浮士德》前后总共用了64年。所谓"慢工出细活"就是这个道理，这也是他们的作品能够不朽的主要原因。想想现在社会，很多顶着作家头衔，像流水线加工产品似的每年出好几本作品的人，其作品也往往是虎头蛇尾，过不了几年就会湮没在历史长河中。

一个慢热的女孩，谈及自己的经历时说："我20岁才考上心仪的大学，25岁才找到相对稳定的工作。很多与我同龄的女孩子都开始步入婚姻的殿堂，开启人生新的篇章，而我才刚刚像一个职场菜鸟似的，一边工作一边学着怎样为人处事。老妈因此总是一副着急焦虑的样子，隔三岔五就买来本《二十几岁决定女人一生》的书，指着我的头说，你看看你都干了些什么。有人说，20岁碰不到好男人就不能在30岁前嫁个好丈夫，你要赶紧；有人说，20多岁趁早把孩子生了，反正都要生，早生早恢复，孩子也好养；有人说，20多岁不打扮，等嫁人生孩子了就更没有机会打扮了。这些说的都对——但是，我就是不想如你们期待的那样活着，我喜欢按照自己的节奏谱曲，喜欢这样慢热地生活。"

村上春树说过："终点线只是一个记号而已，其实并没有什么意义，关键是这一路你是如何跑的。"人生也是如此，慢一点儿走，不会影响你的事业和生活。生活更美好的可能性，恰恰在于缓缓经历的一步步，默默感知的一天天。

努力追求更好，不要被名利所累

相传乾隆皇帝南巡时，听说金山寺的风景异常壮观，就专门到金山寺江天阁观赏。只见长江中千樯万橹，往来如织，乾隆不禁有感而发："真不知每天有多少人在那里忙忙碌碌！"

旁边随侍的老方丈便说："以老僧看来，只有两个人。"

乾隆就奇怪地问他："怎么只有两个？"

老方丈答："一个是名，一个是利。"

人世间交织着诸多的名利是非，多少人深陷其中，终日为名利所累，为金钱所烦。诚然，每个人都渴望并应当去追求更好的生活，但有所追求并不是唯利是图，而应当在追逐成功的过程中享受美好的身心体验。一旦满心都被名利所侵占，这一生就犹如夸父追日般看着光芒四射的朝阳，任你怎么奔跑，也永远追寻不到，到头来只能落得疲累和挫败。

曾经一度热播的电视剧《青瓷》中，男主角徐艺给人留下了深刻的印象，这一角色映射的正是当前许多走在奋斗路上的年轻人。剧中的徐艺跟着姨夫鞍前马后，耳濡目染地学会了一些交际"潜规则"，看惯了许多上不得台面的"桌底交易"，自认为已经深谙商界生存之道，便自立门户，试图在拍卖界大展宏图。他利用一切关系为自己铺路，他的每一步棋都另有所图，费尽心机，可观众们不难看出，他的内心并非老谋深算，而是出人意料的单纯，因此比旁人更容易受到诱惑。他在无底线地耍手段、谋利益的旋涡中，越陷越深。

　　一则故事里讲到，有个渔翁在梦里见到了上帝，遂问道："你觉得人类最烦恼的事情是什么？"上帝回答说："为名利而活，又为名利而烦。牺牲自己的健康来换取金钱，然后又牺牲金钱来恢复健康。对未来充满忧虑，却忘记了现在；既不生活于现在之中，也不生活于未来之中。活着的时候好像从不会死去，但是死去以后又好像从未活过……"

　　听罢，渔翁沉默了片刻，而后又问："作为智者，你有什么生活经验要告诉世人？"

　　上帝笑答："金钱名利乃身外之物，要想活得轻松，就别将名利记心头。一生中最有价值的就是健康的心态。造物主在把那么多美德赋予了人类的同时，也把名利、是非、金钱得失同时嵌入了人的身体。于是这些固有的心病便成了桎梏与羁绊，成了悬崖与深渊，它们将许许多多的人挡在了幸福的大门之外。"

　　每一个不想枉活此生的人，都应当努力告别庸碌无为，在力所能及的范围内实现个人的最大价值。这种价值，不只是虚名和利益，更多的是身心的成长与丰盈。一旦陷入对名利的计较中，就无法专注于所做的事情本身，心中有了杂念的干扰，也势必难有安宁。

　　世间诸多事业有成的佼佼者，都把名利看得很淡，就算是在鲜花和掌声的簇拥下，他们也保持着淡然谦虚的姿态。在他们眼里，那些荣耀的光环只是昙花一现，似乎跟自己毫无关系。正因为此，他们才能努力做得更好，享受随性惬意的生活。

　　钱钟书先生一生著作等身，博学多才，对名利毫不在意，甚至不在意自己的生活条件，全身心地投入到做学问中。20世纪80年代，美国普林斯顿大学邀请钱钟书去讲学，每周只需要讲40分钟课，一共讲12次，酬金16

万美元，食宿全包，可携带家属。面对如此丰厚的待遇，钱钟书拒绝了。

他的小说《围城》发表后，在国内外均引起轰动。新闻界和文学界的很多人都想一睹这位学者的风采，也都遭到了他的拒绝。1991年11月，钱钟书80华诞的前夕，家中电话不断，亲朋好友、学者名人、机关团队纷纷要给他祝寿，中国社会科学院要为他开祝寿会、学术讨论会，他也一概坚辞。他给出的理由很简单：生性淡泊奈若何？

有道是"不逐名利名自来"，越是在意什么，越会被什么所困。淡泊名利、无求而自得，是活得洒脱的起点，也是获取成就的起点。当你拥有一颗纯真的心灵，在自己应该做的事情之中尽了全力，你的成就自然而然就会显现出来，你也理所当然会得到应得的荣耀。

Chapter 5

控制好自己的情绪，才能掌握自己的命运

用语言伤害人是最愚蠢的，用冲动解决问题是最无效的，用嗔怨迎接生活是最糟糕的。人的优雅与成功关键在于控制自己的情绪。得意的时候不要忘乎所以，遇到痛苦之事也不能被负面情绪牵着鼻子走。一个能控制住不良情绪的人，比一个能拿下一座城池的人强大。

不要被负面情绪牵着鼻子走

生活不总是顺心的,甚至很多时候是痛苦的,因为有太多不可控制的意外发生,令人在受到重创的同时萌生出极大的无助感。在这样的时刻,冲动的想法、痛苦的感受会像海啸一样袭来,很难让人冷静下来客观地看待整件事,完全由主观情绪掌控着一切。

只可惜,任你再怎么暴躁不安,痛苦疯狂,已成为事实的都不可能改变。唯一有可能发生的,就是多米诺骨牌效应,让接下来发生的事情也朝着糟糕的方向演变,最终彻底毁了自己的生活。

记得一位先哲说过:"成功的秘诀就在于懂得怎样控制痛苦和快乐这两股力量,而不为这两股力量所反控。"得意的时候不要忘乎所以,遇到痛苦之事也不能被负面情绪牵着鼻子走。有些事情发生了,你可以哭可以闹,但是哭过之后,就要擦干眼泪回到正常的生活中,而不是一直哭哭啼啼。

刚从医科大毕业的女孩雅莉,被分配到某儿童医院做护士。在住院部里,她认识了一个叫豆豆的孤儿。这个孩子长着一双黑溜溜的大眼睛,西瓜太郎头配上洁白的皮肤,甚是惹人喜欢。在雅莉眼里,每一个孩子都像是天使,尽管豆豆是一个内心孤独、充满了恐惧的孩子,还患有传染性疾病,但雅莉依然很喜欢他。有时,赶在她值班查房时,她还会给豆豆唱歌，哄着他睡觉。

　　由于家中有事，雅莉请了3天假。上班前一天，雅莉特意买了几件玩具，想着到医院时带给豆豆。上班的那天早上，她急匆匆地往住院部走，并透过窗户往里面看。她发现，豆豆的病床被整理得干干净净。

　　"豆豆搬到别的病房了吗？"雅莉问护士长。

　　"没有，那孩子前天晚上去世了。你不知道吗？"

　　护士长的语气听起来非常平静，她一边做事一边回答，脸上看不出有什么特别的表情，就像往常一样。然而雅莉的心却像是被掏空了一样，情绪更是一落千丈。她失魂落魄地走进了护士休息室，眼泪簌簌而落。

　　"雅莉，护士站现在没人，你赶紧换上衣服过去。"护士长严厉地下了命令。

　　听到这句话，雅莉把所有的痛苦都发泄到了眼前这个"冷漠"的女人身上。她质问道："你怎么能像什么也没发生一样？豆豆才6岁，他的一生就这么可怜地结束了，身边连个亲人都没有。你关心过他吗？你关心过其他的孩子吗？你就会指派工作，假装什么都没发生。我不行，我喜欢那个孩子，我难受。"雅莉一边说，一边流眼泪。

　　"雅莉！"护士长拿出纸巾，递给雅莉，叹了一口气说道，"工作中我们会遇到很多像豆豆这样的孩子，如果我们不控制自己的感情，就没有办法正常工作了。身为医务工作者，要懂得控制自己的情绪，想办法宽慰自己，更加理智地面对悲剧。因为，我们还要面对更多的病人，我们需要给每一个病人平等的注意力。"

　　说这话的时候，护士长的眼圈也红了。是的，她也是一位母亲，看着弱小无力的生命陨落，任何一位母亲都会动恻隐之心。她对雅莉说："如果我告诉你，豆豆不是孤零零地离开的，你会不会觉得好受点儿？他是在我怀里离开的，他不孤独，有我和其他护士，还有福利院的人，我们都在。"

雅莉和护士长一起坐在那儿为离开的豆豆落泪。片刻后，她们擦掉了脸上的泪痕，换上一副笑脸，走出了休息室，去爱和关心那些依然需要她们的孩子们。

生死离别之事，是任何人都不愿看到的，但也是任何人都不可避免会遇见的。这些令人痛苦的情景，不会因为我们的不喜欢而减少出现的频率。现实就是这样，永远有它自己的节奏，不会为了谁的喜恶而改变规律。

英国萨伦港的国家船舶博物馆里，停泊着一艘船。这艘船自1894年下水以来，遭遇的惊险令人瞠目：它曾在大西洋上138次遭遇冰山，207次被风暴扭断桅杆，116次触礁，53次起火。然而，遭受了这么多次的打击，它却从来没有沉没过。

一位律师到博物馆里参观，当时的他刚刚打输一场官司，委托人因为官司失败自杀了。败诉的事情他遇到过很多次，但每次都有深深的负罪感和挫败感，总觉着自己辜负了委托人的信任，并会在案件结束后很长一段时间都陷入低落中，不知如何安慰委托人和自己。不过，当他看到这艘船的简介时，心头一震，便将这艘船的资料抄了下来，还拍摄了照片。

此后，他将照片和资料都陈列在自己的办公室里，每当有委托人请他辩护时，他都会建议对方先看看这艘船，他想让他们明白这样一个道理：海上没有不带伤的船，要坦然面对生活的挑战。其实，这也是他给自己舒缓情绪、减轻压力的良方。奇妙的是，有了这种轻松而从容的心态后，他的事业比从前更顺了，许多委托人的命运都被改写，而他也成了当地的名人。

人的情绪是一种巨大的、神奇的能量，既能激发人的无限潜力，也能把人推向万劫不复的深渊。人生不如意的事情，时时刻刻都有可能出现，如果不能调整好心态，控制痛苦的蔓延，那么就会沦为情绪的奴隶，生活也会偏离正常的轨道。当你感到痛苦并发觉自己正一步步沦陷其中时，记得及时地叫醒自己。要知道，所有人都会遇到不幸，但最不幸的是用不幸埋葬自己的人。

"菩提本无树，明镜亦非台。本来无一物，何处染尘埃。"这种境界没有人能够达到，我们能够做到的是，把负面情绪的产生量降到最低，把负面情绪的延迟时间缩到最短。人生苦短，凭什么要被负面情绪牵着鼻子走。

愿，在有限的生命里，你我都不会成为这样的人。

活着，从来都不是为了生气

一位素爱兰花的禅师，在外出云游前将花费大量心血栽种的兰花交给弟子照料。弟子小心呵护，丝毫不敢懈怠。直到有一天，一个毛手毛脚的小和尚不小心打碎了所有花盆，兰花落满地。小和尚吓坏了，只等禅师回来后领罚。然而，禅师回来后，没有责备任何人，只是说了一句："我种兰花，不是为了生气。"

散落的兰花不可能恢复原貌，伤神动怒于事无补，在栽种的过程中享受了闲情逸致，就是生命的所得了。世间没有任何一件事是为了生气而去做的，无论结局好坏，生气难过都不是我们的初衷。活着本已不容易，要面对诸多纷扰，要承受各种压力，动不动就生气，不只于身体无益，对心灵也是损耗，还可能给人际带来麻烦。

临近下班的时候，助理白莹因为工作上的事跟业务员静怡发生了争执。两人都是暴脾气，谁也不让谁，一番吵闹后谁也没说服谁，就都气呼呼地离开了公司。回到家后，白莹连晚饭都没吃，满脑子都是跟静怡吵架的情景，越想越生气。

晚上，白莹打开电脑，发现静怡给她发了一封邮件。她心里很纳闷：下午刚闹翻，这么快就发邮件来？有什么重要的事不能在公司说，或者是直接打电话呢？带着好奇心，白莹打开了那封邮件。

她轻轻地点击了一下附件，只听见砰的一声响，电脑屏幕上出现了一堆乱码和马赛克，乱码上还有一些鲜红的色彩。除此之外，再无其他东西了。这封邮件就像是一根燃烧的火柴丢在了汽油上，彻底引爆了白莹心里的火。她认定，静怡肯定是蓄意报复，利用这封邮件给自己传一个电脑病毒，因为她知道，静怡的爱人就是一名电脑程序员。

愤怒之下，白莹拨通了静怡的电话，开口就是一通怒吼："你到底想干什么？你太过分了吧，竟然发病毒攻击我的电脑！咱们不就是工作上有点儿矛盾吗，你至于这样报复吗？"

"……"电话那头的静怡，半天都没插上嘴，默默地听着白莹的发泄。

"你干吗不说话？是不是自己都觉得太过分了，不好意思承认？"白莹咄咄逼人地质问。

"呵呵……"静怡轻笑了一下。

"你觉得挺开心，很满意，是吗？"听到静怡的笑声，白莹更是生气。

"白莹，你是一个很好的工作伙伴，就是太容易发火了。你看看电脑屏幕右下角，有没有一行绿色的小字？"静怡平静地说，显然她已经没有了下午时的愤怒，只是语气里又多了一点点的失望和无奈。

白莹看了一下，果然像静怡所说，有一行小字，上面写着：请退后两步，再看这封邮件。按照提示，白莹后退了两步，发现刚刚的那些乱码逐渐变成了清晰的"抱歉"二字，而那些大红的色彩，也成了一颗颗温暖的心。

此时，白莹总算明白了静怡的用心，她是用委婉的方式来缓和彼此的关系，而自己却被愤怒冲昏了头脑，把别人的好心当成了报复。虽然后来白莹也主动向静怡道了歉，但在后来的工作中，她还是明显地感觉到，俩人之间有了一定的距离感。也许，这就是"恶语伤人六月寒"吧，有些话说出口了，就再无法回收了。

无论家人、朋友还是同事，聚在一起都是为了有益的目标，而不是为了生气。道理想必所有人都懂，只是做起来很难。那么，如何在愤怒之火烧到心口时，控制住它的肆意蔓延呢？

美国著名的精神病学专家曼杰克·亨特，曾向自己的病人建议，在感到自己要发脾气前，向自己提三个问题："这件事是否很重要？我的反应是否恰当？情况是否会有所改变？"若能认真地回答这三个问题，随意发脾气的毛病就会有所改善，同时还能对一些无法改变的事情抱以平常心。

亨特总结的这三个问题不是凭空想象的，而是经过亲身实践的。有一次，他跟几个医生在一起开会，当他陈述完自己的某个观点后，一个医生竟然认为很荒谬、很可笑。亨特非常生气，但他并没有在第一时间就反唇相讥，而是冷静地问了自己三个问题：

"这件事重要吗？"

他自答："是的，很重要，我的研究成果不能随意被人轻蔑。"

"我做出这样的反应恰当吗？"

他回答："是的，就算到了法庭上，法官也会认为我的生气是合情合理的。"

"我这样做能改变现状吗？"

他回答："是的，我必须让这个人意识到，如此不尊重别人是错误的，而我的研究成果也将会被更多的人认可。"

在脑海里细思了一番后，亨特对那位蔑视他成果的医生说："对不起，先生，请你不要用'荒谬可笑'的字眼来评价我的成果。"那位医生随即向亨特表示了道歉，而亨特心里的不愉快也顿时消失了。

愤怒无法解决任何事情，特别是在面对生活中的一些琐事时，无论对象是身边的亲人还是陌生的路人，多一点雅量和气度，就会减少许多不必要的麻烦，你的生活也会变得轻松起来。

冲动是最无力、最糟糕的选择

某知名大学的一位女生，因琐事与同学发生纠葛，最终用水果刀猛刺同学17刀，导致其胸、颈、肩、背、上肢等部位受伤，对方被刺破心、肺，在送往医院的途中失血性休克死亡。在法庭上做最后陈述时，面容清秀的她身体微微颤抖，不停地咬着双唇，哽咽着用细小声音说："我没有蓄意杀人，只是一时冲动……"

冲动，多少人习惯挂在嘴边的一个词，几乎所有的过激行为都与冲动有着扯不清的关系。一位经常审理命案的刑事法官曾说："2/3的命案都是激情犯罪，如情杀、酒后杀人、想教训一下结果失手杀人，这些犯罪没有预谋过程，行为人只是瞬间心理失衡而导致犯罪。"

就算不是蓄意杀人，只是一时冲动，但那些逝者终究不会重新活过来，意外给逝者家人带来的痛苦也不会减少一丝一毫。在惨烈的结局面前，冲动是最苍白、最无力的一种解释，而对冲动者本人来说，用这种方式来处理问题，也是最无力、最糟糕的选择。

2006年世界杯足球赛决赛中，有一幕情景让众多球迷至今难忘：法国球星齐达内，在加时赛最后10分钟时，用头冲撞对方球员，用一张红牌为自己的世界杯生涯画上了句号，导致整个球队把大力神杯拱手让给意大利。后有报道称，齐达内当时是受到了对方的言语挑衅，才导致情绪失控的。

对多数人来说，可能不会像齐达内这样的球星一样，在赛场上接受能力和心智上的考验，但不要忘了，生活本身也是赛场，时时刻刻在考验着我们。只有在平时多控制自己的情绪，才不至于在大事上出差池。若是小事都锱铢必较，咄咄逼人，时间久了，这种情绪反应就会变成一种自然而然的习惯。哪怕你真的只是偶尔为之，但在别人看来，一次就是百次。情绪失控给人带来的麻烦，远不止当时的那一番争执，更多的是对日后的生活、人际的负面影响。

陆小姐是一家公司的业务员，平日里说话很客气，给人的印象是很和善的。谁知那天，她却对客户发火了，场面很难堪。

事情的经过很简单，她反复跟客户沟通，要求资料要全面、真实，对方也答应了。可到了该交方案的时候，对方递过来的东西却根本不是当初所说的那样。她在电话里跟对方提意见，对方以各种理由来推脱责任，她越说越着急，最后竟然冲着对方大声地嚷嚷起来。客户不甘示弱，两人展开了一番唇枪舌剑。最后，客户撂下一句话："到今天我才发现，原来你是这样的人，拜托以后不要装出一副和善的样子，令人作呕。"说完，就挂了电话。

这句话直戳陆小姐的心窝。其实，她平常真的很少与人争执，这次的事情纯属意外。可没想到，就是这一时冲动，就是这一次情绪失控，就被人误以为过去的和善都是伪装的。她心里既懊丧，又后悔，思维一片混乱，根本无心工作。最后，那方案的事被搁置了一周才处理好。

这件事后，陆小姐花费几天的时间来平复情绪。待心情平静后，她开始反思：如果当时恳切地跟客户谈谈，友善地提出要修改的地方，现在又会是什么样呢？说不定，早就按照要求做好了这件事，两人还能成为朋友，之后还能陆续有合作。现在，不仅事情搞砸了，也伤了跟客户之间的和气。此事犹如一记响亮的耳光，让陆小姐深刻地记住了一点：急躁必毁灭，冲动是魔鬼。

　　冲动带来的负面效应，有时远远超出我们的想象。只不过，当有人触动了自己的尊严或切身利益时，多数人都难以一下子冷静下来，总觉得不把火气发泄出来，怎么都不好过。这样做，是不是真的有效呢？

　　在心理学家看来，这种做法根本行不通，甚至是非常糟糕的。相比之下，他们更建议我们用"重新判断法"来处理即将失控的情绪。其实，说得通俗一点，就是从积极的角度去看待他人对自己的"冒犯"。举个最简单的例子，当有司机急着从你身边超过去时，你可以试着告诉自己"他可能有急事"，或者说"也许是我开得太慢了"。这样一想，你就不至于犯"路怒症"了，也不会用同样的方式去给予对方回击。

　　世间所有的争吵都是从"最后一句"开始的，如果有人肯少说一句，事情往往就不会闹得难以收场。所以，在想要发怒的时候，请先忍住10秒钟，不要让伤人的狠话说出口。通常，在10秒钟过后，情绪就会得到缓和。别觉得少说一句就吃亏了，咄咄逼人不是强大，真正的强大是能够控制情绪，在沉默中保持理性，彰显自己的修养。

　　如果你总能恰到好处地驾驭自己的情绪"烈马"，并以最佳的方式表达出来，你给人留下的必是沉稳、可靠的印象。尽管不一定会因此获重用，或是在事业上有立竿见影的效果，但你的生活会比不懂控制情绪的人过得更顺畅，人际关系也会更和谐。

多忍耐一点儿，你不会失去什么

浮躁的气息弥漫在社会的各个角落，有人急着赚钱，有人急着结婚，有人急着出名，在你追我赶的步调中，情绪成了易燃品，遇到不足挂齿的小事都会被引爆，完全不懂得克制。殊不知，很多事都是急不来的，正如卢梭在《爱弥尔》中说到的那样："忍耐是痛苦的，但它结出的果实是甜美的。"

一个男孩毕业后被分派到一个海上油田的钻井队工作。在海上工作的第一天，领班要求他在限定的时间内登上几十米高的钻井架，将一个包装精美的盒子拿给在井架顶层的主管。年轻人没多想，拿着盒子快步地登上狭窄的、通往井架顶层的舷梯。当他气喘吁吁、满头大汗地到了顶层，把盒子递给主管时，主管只是在上面签了自己的名字，又让他送回去。于是，男孩又快步地走下舷梯，把盒子交给了领班，而领班也跟主管一样，在上面签下自己的名字后，再次让他送给主管。

男孩心里犯着嘀咕，犹豫了一会儿，但也没想太多，就转身登上了舷梯。当他第二次登上井架的顶层时，已经累得浑身是汗，两条腿也开始发抖了。主管什么也没说，和上次一样在盒子上写下自己的名字，又让他带下去。男孩擦了擦汗水，转身走下舷梯，把盒子送给了领班。领班还是那样，签完字又让男孩送上去。

此时的男孩，憋了一肚子的火。他尽量忍着不发作，擦了擦脸上的汗水，看着那已经爬了数次的舷梯，拿起盒子，步履艰难地往上爬。这次他到了顶层时，浑身已经湿透了，汗水顺着脖子往下流。他第三次把盒子递给主管，主管不紧不慢地说："把盒子打开。"

男孩撕开盒子外面的包装纸，打开了盒子，看到里面有两个玻璃瓶，一瓶是咖啡，一瓶是咖啡伴侣。男孩觉得自己被戏弄了，咬着嘴唇，怒气冲冲地看着主管。主管慢条斯理地说："把咖啡冲上。"男孩再也忍不住了，拿起盒子就摔在地上，大声地说了一句："我来这儿不是伺候人的，我不干了！"说完，他感觉心里痛快多了。

主管并未生气，站起来看着他说："你可以走了。看你上来三次的分上，我想告诉你，没有人打算刻意为难你、戏弄人，刚刚叫你做的这些是'承受极限训练'。我们在海上作业，随时都可能遭遇危险，队员们一定要有极强的承受力，才能应对各种危险的考验，顺利完成任务。前面三次你都完成了，就差这最后一点点了。很可惜，你没有喝到自己冲泡的咖啡。现在，你可以走了。"

不知男孩听到这样的解释后，会是怎样的感受，但无论是懊悔还是遗憾，他终究是没能通过考验，输给了自己的情绪。忍耐，大多时候都是痛苦的，因为它压抑了人的本能反应。但是，所有美好的收获往往都是在忍受别人无法承受的痛苦后才出现的，多数人缺少的都是最后的、最难的那一点点忍耐。

其实，不只是做事需要控制情绪，多点忍耐，与人交往也是一样。总是斤斤计较、点火就着，就会弄得双方都不愉快。多一点儿宽容和忍耐，有时就是少说一句话或是换种说话方式的事，结果就大不一样。

一位挑剔的顾客走进了一家瓷器店，导购员给他拿了好几套瓷器，他翻来覆去地抚摸、察看，仍然是犹豫不决。由于店里的顾客太多，导购员就去招呼别的客人了。这位顾客很不满,认为导购员冷落了他,脸色一沉就开始指责:"你这是什么态度?没看见是我先来的吗?"说着,就把一张银行卡往柜台上一扔,命令道:"快给我结账!我还有急事!"

导购员虽年轻,但并未跟顾客生气,在安排好其他顾客后,笑盈盈地对他说:"请您原谅,我们店里的人比较多,对您服务不周到,让您久等了。"几句忍让而谦逊的话一出口,男顾客也觉得自己刚刚的言行有点过分了,难为情地说:"我说话不太好听,也请你原谅。"

古语有云:"事不三思,但恐忙中有乱;气能一忍,方可过后无忧。"

忍住坏情绪,是理智成熟的表现,是成就事业的素质,也是摆脱纠缠与争吵的良方。遇到不痛快的事情时,多忍耐一下,别急着把心中的怒火、难听的言语抛出来,因为事情本身可能没有你想象中那么糟糕,只是愤怒的情绪暂时让你失去了分辨的理智。

忍耐与谦让,不是放弃原则、胆小懦弱,而是谦和克己,宽容大度,经得起误会和委屈。忍住一时的情绪,眼前受点儿委屈,保全了和谐与宁静,你并不会损失什么,反而会给自己赢得一个更宽阔的心灵空间。退一步想想:为人处事、生活工作,有什么比舒心更重要呢?

发泄情绪时,切不要伤人伤己

人不是冰冷的机器,而是情感动物,有喜怒哀乐的心理感受和情绪变化。人心犹如一个容器,当愤怒、悲伤、忧虑等不良情绪填满了整颗心时,稍不留神就会溢出来。

曾经,某知名大学的一位女研究生在校喝硫酸自杀,事件曝光后,轰动了社会各界。该女生是化学系的研究生,也是校学生会的干部。导致女生自杀的原因,不是什么重大挫折,而是跟男友因一场电影发生了口角,彼此打了一巴掌,她当即甩下一句狠话:"我去死。"

男友并未在意,只当是气话。没想到,女生竟真的自杀了。在同学和老师的印象里,这个女孩子学习认真,热情开朗,积极上进,是一个非常要强的人。可在她的日记里,却隐藏着和外表完全不一样的自己。

两年来,女孩心里一直都有死亡的阴影。考上研究生后,她并没觉得多幸福,反而加剧了内心的忧虑和不安。就业难的问题愈发严重,博士、硕士似乎也不如从前那么值钱了,她对未来充满了担心。唯一能带给她安慰的就是母亲,可母亲却在两年前去世了,她痛不欲生,把所有的思念和苦楚都藏在了心里。长期处在消极情绪中的她,始终得不到发泄,以至于在一次小小的口角之后,做出了轻生的选择。

负面的情绪是一种毒素,得不到排解和发泄,终有一天会以极端的形式爆发。若不想让悲伤逆流成河，最好的办法就是在坏情绪爆满前，主动将它发泄出来，以保持内在的平衡与安宁。只不过，在发泄的时候一定要选对方法，伤人伤己的事切忌去做。

一位作家谈及自己的生活体验时，如是说道："每当情绪起伏不定时，我就到阳台上看星星、瞧月亮，夜空在闪烁的星光背后显得格外幽深。那时，我会觉得个人的成败、荣辱在宇宙面前实在不值得耿耿于怀；遇上流星，更是给我一份惊喜、一份启迪……"

或许，对于多数普通人来说，生活的哲理不是那么简单就能悟出来的，烦了、闷了、累了、倦了，不想对谁说，又不甘心憋屈着，那就找一种适合自己的方式来发泄。比如，自嘲一下，幽默一把，只要无关大雅，不伤人伤己，都是可以的。

近年来，"T恤衫文化"很是盛行，在胸前或背后鲜亮地印上醒目的大字，如"别爱我，我没钱""别理我，烦着呢"等，言简意赅，那点儿情绪都印在了衣服上，既是一种自嘲，也是一种个性，这也是当前许多年轻人喜欢它们的原因。

除了文字的调侃，幽默滑稽的宣泄方法也不错。曾有一个年轻的小伙子，怒气冲冲地进了经理办公室，大拍桌子，指责经理处事不公，要求增加工资。有同事在门口问他："经理不在，你凶给谁看呢？"他嘿嘿一笑，说："就是要趁他不在啊！"说完这句话，同事和他本人都大笑起来。此时此刻，他心中的怨气早已烟消云散了。

岑青是个知性女人，她释放情绪的办法是写字。在网络发达的时代，她没有选择在微博里发泄，她知道在共用平台上宣泄情绪，一旦有人从细枝末节中猜出自己的公司和职业，很可能会让生活变得一团糟。那个藏在枕头底下的日记本，才是她最信赖的"出气筒"。情绪低落时，她用一支铅笔把所有的怒气、怨气都写下来，在合上本子的那一刻，她会长舒一口气。之后,情绪会慢慢地平复下来。用这种方式发泄情绪,既不会伤害自己,也不会伤害别人,还能完全释放内心的压抑。

还有在一家国际航空公司做空姐的杨璐,或许是职业的缘故,与同龄的女孩相比,她算得上好脾气的那一类人。然而,再好脾气的人也不是没有烦心事,没有压力和坏情绪。有时,身体很不舒服,心情也不太好,还要在乘客面前强颜欢笑,不免会让人觉得烦躁和厌倦。这一切,都要靠自己调节。每飞完一次国际航班回来后,杨璐都会好好"犒劳"自己:请自己吃一顿美餐,送自己一件喜欢的衣服,再去泡个温泉,卸下所有的烦心事。归来之后,幸福地睡上一觉,疲惫感和厌倦的情绪一扫而光。再次投入到工作中,她依旧是一副容光焕发、温婉谦和的样子。

看到这儿,你应当明白,无论碰到什么问题,有怎样的情绪,都可以用恰当的方式来发泄出来。如果你觉得用物质犒劳自己太奢侈,又没有细腻的心思和不错的文笔来写字,那你还可以选择靠运动来发泄,让汗水带走所有的不悦;或者,看一场爆笑电影,在大笑中体会极端的心理快感,缓解压抑的情绪;再或者,干脆痛哭一场,把所有的忍耐和悲伤,都随着眼泪宣泄出来。只要给情绪找一个出口,它很快就能平复下来。

再忙再累,也要给自己喘息的机会

英国的一位学者说过:"面对一件事,很多人都会紧张,只不过有的人会调整自己,有的人不会,反而越弄越糟糕。"回想生活中的许多情境,的确如此。

紧张,不知从何时起已成为现代人的一种普遍情绪。高物价、快节奏的步调,已经让人有点吃不消了,但为了生活、事业、前途,多数人还是硬着头皮迎战,把所有的负面情绪都压抑在心里,把时间再压缩,力求充盈更多的事物。在这种状态下生活,短期内看似是走得更快了,做的事更多了,可时间久了,弊端就会愈发明显。

我们都知道,绷得过紧的琴弦最容易断,马力加到极限的车不会开太久,终日情绪紧张的人身体也会频频出状况。适度的精神紧张,能帮我们集中精力,有效地激发潜能,但若时时刻刻都处在紧张中,那么总有一天你会发现,事情不再朝着你所期待的方向发展,而是背道而驰。原本简单的问题变得复杂了,复杂的变得更复杂了,更糟糕的是,你的承受力变得越来越弱,心里就像背着一块陨石,无法坦然地接受生活中的种种。有时,哪怕只是一件很小的事,都会在你的心里激起巨浪,难以抚平。

世界著名航海家托马斯·库克船长,曾亲眼看见过这样一幕:在浩瀚的大西洋海面上空,数以万计的海鸟在此久久盘旋,发出震耳欲聋的叫声。许多鸟在耗尽了所有的体力后，义无反顾地投进大海，海面上不断激起浪花。难道，海鸟们是在"集体自杀"吗？库克船长百思不得其解。

其实，见过这一幕的不只是库克船长，这一海域的许多渔民也对此感到震惊，就连见多识广的鸟类学家们，在长期的研究中也无法做出解释。他们只是知道，有来自不同方向的候鸟会在这里会合，至于为什么这些鸟儿会心甘情愿地投入大海，一直都是个谜。

到了20世纪中期，这个谜终于解开了。

原来，这些海鸟葬身的地方，很久以前是个小岛。对来自世界各地的候鸟们来说，这个小岛是它们迁徙途中的一个落脚点，可以在极度疲倦的时候暂时栖息。然而，在一次地震中，这个无名的小岛沉入大海，永远地消失了。迁徙途中的候鸟们并不知道，它们一如既往地飞到这里，想要稍作休整，摆脱长途跋涉后的疲惫，积蓄能量继续前行。可是，在茫茫的大海上，它们再也找不到那个小岛了。早已疲惫不堪的鸟儿无奈地在空中盘旋，盼望着奇迹出现。当它们最后的一点力气被耗尽时，只好投身于海洋之中。

在漫长的旅途中，不只是候鸟，人也需要适当地栖息，给心灵松松绑，让身体歇歇乏。一味地往前走，待到筋疲力尽时，只能无助地将生命断送在无底的深渊。

外企职员茉莉，每天匆匆忙忙地在都市里奔波。她已经习惯了大都市的生活节奏，下班的时间越来越晚，回家的欲望越来越少，似乎公司才是自己的家。偶尔赶末班地铁回去时，车厢内的人依旧不少，每个人的脸上都挂着相似的疲惫。

来现在的公司已有三年了，外人眼里的茉莉光鲜亮丽，出入高档写字楼，做着体面的工作。然而，在光鲜的外表之下，却是无休止地加班，创意枯竭的煎熬，还有与外界交往的隔绝。夜深人静的时候，茉莉经常告诉自己，不要那么拼命，要尽快向主管请假调整一段时间。可当第二天的太阳还未升起时，她又出现在了人头攒动的人群中。走进办公室，新的任务就催促着她赶紧上阵，一个新的轮回开始了。

三年下来，周而复始地忙碌，就算是机器都可能会出故障，更何况是血肉之躯的人呢？有一天，茉莉在办公室里突然感到一阵眩晕，实在支撑不住才去了医院。医生告知，这是慢性疲劳综合征，若不重视，身体状况会越来越差。

茉莉陷入了反思中：为什么自己会如此疲惫？她意识到，从主观上来说，也许是自己过于追求完美，上班时忙忙碌碌，下班后依然殚精竭虑，一点小瑕疵都会陷入自责中；从客观上来说，外企的竞争激烈，她担心自己会被淘汰，失去工作。

不夸张地说，茉莉的问题绝非个案，每座大城市里都有跟茉莉情况相近的人，且比比皆是。奋力打拼不是错，追求成功也不是错，真正错的是不懂得自我调节。适当的时候，要让自己的心灵稍作放松，给自己一个喘气的机会，让紧绷的神经得到舒缓。

二战期间，丘吉尔和蒙哥马利会面。蒙哥马利说："我不抽烟，不喝酒，晚上10点钟准时睡觉，所以我是百分百的健康。"丘吉尔却说："我刚好与你相反，我既抽烟，又喝酒，从来没准时睡过觉，但我是百分之二百的健康。"

蒙哥马利不解，他觉得，像丘吉尔这样工作繁忙的政治家，生活如此没有规律，怎么可能谈得上健康呢？事实上，丘吉尔的健康状况确实很好，其中的奥秘就在于，他懂得放松自己，保持愉悦的心情。即便是在战事非常紧张的周末，他还是照样去游泳；在选举战白热化的时候，他还是照样去垂钓；他走下演讲台后，就会到画室里作画。工作再忙、再紧张，他都不忘在嘴里叼一支雪茄放松心情。

我们并不推崇所有人都去抽雪茄、饮酒，但丘吉尔这种懂得自我调节的做法却很有借鉴意义。每天如履薄冰、战战兢兢地生活，对生活和事业都是无益的，只有适当地放松心灵之弦，才能在人生路上踏歌而行。至于选择什么样的方式，完全凭自己的喜好，只要对身心有益的都可以。重要的是，你在做这些事情的时候，要将烦恼和压力暂时忘却，这才是身心得到放松最为关键之处。只有在这一刻放下，才能在下一刻精神抖擞，从容不迫。

告别郁郁寡欢，悲愁不再悠悠

流浪在撒哈拉沙漠的女作家三毛，年少时就是一个不太合群的孩子。孤独与阴郁是她童年的所有记忆。从她的作品里总能隐约嗅出抑郁的味道，她在《梦里花落知多少》里写道："如果选择了自己结束生命的这条路，你们也要想明白，因为在我，那将是一个幸福的归宿。"

不过10岁的少女，竟想着自己可能活不到穿长筒袜的20岁就会死去。后来，她考上了中国台湾最好的女中，但她古怪的性情依旧没有改变，且愈发内向，身体也变得越来越弱。由于很难适应学校生活，13岁时三毛在焦虑和抑郁中自杀过一次。后来还有一次，她无法承受男友病故的打击，当即吞下一把安眠药，所幸抢救及时。悲剧并没有就此终止，当与三毛共度六年幸福生活的丈夫荷西在潜水时意外丧生后，三毛的世界彻底崩塌了。1991年1月4日，在台北荣民医院，三毛用丝袜结束了48岁的生命。

也许，正如三毛自己所说，自杀对她而言是一个幸福的归宿。因为，再怎么鲜活的生命，一旦被抑郁症这个精神病魔缠上，都会感觉生不如死，那种折磨令人无法自拔。从香港演员张国荣跳楼自杀，到韩国艺人李恩珠自缢身亡，这期间穿插着太多自杀身亡和自杀未遂的故事。调查显示，中国每年都有近30万人自杀身亡，而自杀未遂的人应当是这个数字的10倍以上，导致自杀的原因中，抑郁是不可小觑的情绪因素。

关于抑郁，英国诗人拜伦曾经这样描写它："忧郁坐在我身上，像伴随着天空的一块云，它不让一道阳光穿过，也不让一滴雨落下，最后，而是扩散它自己。它像人与人之间的妒忌——一种永恒的薄雾——扭曲天和地。"

抑郁的人总会陷入烦闷自怜的消极旋涡中，对生活失去应有的热情，总感到茫然无助。当人生中出现一些变故，遭遇一些坎坷时，就会心神不宁，精神不振，甚至不想活下去。一旦掉进这个情绪深渊里，生活就会变得没有期待，没有光明，只有绝望和黑暗。

对于这种感受，白岩松如是说："36岁的时候，我突然觉得自己看到终点线了，突然会觉得人生到了一半的时候了，你对任何事情失去兴趣，有强烈的悲观感、绝望感，一种深深的失望，那段时间，我天天在想的就是自杀……"

抑郁是一种"心灵流感"，它可以毫无阻拦地闯入每个人的生活中，无论你拥有怎样的成就、地位、文化或财富，都能把你与愉快隔离开来。比如，生活不顺心、事业遭挫折，抑或是遭受自然灾害和交通事故，人的精神都会因此遭受重大打击。倘若这种抑郁的情绪得不到控制的话，就会演变成抑郁症。

然而，生活中的失意是不可避免的，我们能做的就是运用合理宣泄的方式，减少这种"心灵流感"对身心和生活的影响。那么，该如何去调节偶尔冒出来的抑郁情绪呢？

1. 学会自我安慰，多点"阿Q精神"

当遇到挫折时，不要总想着自己的委屈和不幸。试着蒙上眼睛体会一下盲人的生活，或是堵住耳朵感受一下无声的世界，闭上嘴巴体会一下不能说话的苦……多少身体上有缺陷的人都能顽强地与命运抗争，认真地活着，作为身心健全的正常人，又有什么资格去抱怨呢？

俄国作家契诃夫在《生活是美好的》一文中对企图自杀的人说:"为了不断感到幸福,那就需要善于满足现状,很高兴地感到:'事情原本可能更糟呢!'要是你的手指头扎了一根刺,那你应高兴:'挺好,多亏这根刺不是扎在眼睛里。'"有时,生活需要这样的精神胜利法,让自己的内心求得平衡。

2. 调整个人期望,少点不切实际

生活不能事事顺心,人际上也不可能都亲密无间,当某些结果不如自己预想的那么好时,扪心自问一下:是不是已经尽力了?是不是当初定的目标太高了?若情况总是这样的话,那就适当调整下个人期望,用平常心接受平常事,不好高骛远,也就会少点失落。

3. 合理地表达情绪,不要封闭自怜

运动是缓解压力和烦闷的良方,能够将积聚在体内的负面情绪释放出来;向理解自己的人倾诉,也可以平复情绪。最不可取的就是,把自己封闭起来,自怨自艾,这只会加剧抑郁的程度,无异于画地为牢。

人活一世,草生一秋,短暂的生命,不可能顺风顺水,痛苦烦恼在所难免,但是生命中还有许多感动和情意值得我们去感受,去留恋。所以,不要总盯着自己的烦恼和痛苦,要振作起来,正视问题,解决问题,才能远离抑郁,感受到温暖和希望。

放下所有的嗔怨，一切都是美好的

一年有四季，人生有冷暖。每一个行走在世间的人，都有着各自的难处，没有谁比谁活得容易。只不过，面对失意，有人选择了直视，有人选择了逃避，也有人选择了抱怨。他们逢人就诉苦，开口就抱怨，让抱怨的情绪变成了传染源，充斥在自己的周围，感染着原本美好的一切。

失败了，抱怨老天无眼；失恋了，抱怨对方无情；失业了，抱怨无人赏识……凡此种种，不绝于耳。他们并不认为抱怨有什么问题，自认为生活中受挫太多，倘若事业有成、生活富足，自然也就没怨气。

其实，抱怨不是艰难生活的产物，它是一种负面情绪。习惯抱怨的人，就算是取得了非凡成就，生活富足，也一样会感到郁闷，抱怨声甚至比常人有过之而无不及。有钱了，抱怨别人有钱更有闲；有名了，抱怨高处不胜寒；有权了，抱怨还有不能掌控的东西……真正令人困惑的，永远不是生活中发生的事，而是对待事情的态度。

有只乌鸦准备从北方迁徙到南方去，途中偶遇一只鸽子，两只鸟一起停下来休息。鸽子关心地问乌鸦："你准备到哪儿去呢？"乌鸦愤愤不平地说："这里的人都嫌我的声音难听，我想飞到别的地方去。"鸽子听后，劝告乌鸦说："我看，你还是不要白费力气了。如果你改变不了自己的声音，就算是飞到了南方，一样会有人讨厌你。"

直到今天，乌鸦难听的叫声也不太招人喜欢，以至于有人说了别人不爱听的话时，都会被称为"乌鸦嘴"。其实，抱怨的情绪就跟乌鸦的叫声一样，也会给周围的人带来厌烦之感，且对改变现状没有任何益处，不过是徒增一些负能量罢了。

美国心理学家威廉·詹姆斯说："我们所谓的灾难很大程度上完全归结于人们对现象采取的态度，受害者的内在态度只要从抱怨转为奋斗，坏事就往往会变成令人鼓舞的好事。在我们尝试过避免灾难而未成功时，如果我们同意面对灾难，乐观地忍受它，它的毒刺也往往会脱落，变成一株美丽的花。"

如果你想抱怨，那么生活中的一切都能成为你抱怨的对象；但如果你不想抱怨，生活中的一切都有值得欣赏的地方，哪怕是苦难，哪怕是伤害，最终都会成为上天赋予的礼物。

夏洛蒂出生在二战时期的南美，她的父亲是个农场主，母亲是个朴实的女人。夏洛蒂还有一姐一弟，这个家充满爱和温馨。后来，夏洛蒂和姐姐长成了大姑娘，也各自有了心上人，美好和幸福就在眼前。

然而，命运给予人们的不可能永远都是美好和幸福。就在夏洛蒂16岁生日那天，北美传来了可怕的消息，二战爆发了。村里的所有青年男人都报名参军了，夏洛蒂和姐姐的心上人也在其中。原本要跟夏洛蒂举行订婚仪式的罗尔特，匆匆吻别了夏洛蒂，一走就再无音信。

几个月过去了，村里出现了很多从前线回来的伤员。夏洛蒂和姐姐焦急地等待着，但等来的却是她们心爱之人的遗物。罗尔特给夏洛蒂的遗物中，夹着一封信，信上写道：

"我亲爱的夏洛蒂，当我给你写这封信时，我正躺在北美战场的一个战壕里，我们的部队跟敌人打了一个日夜，大部分的战友都牺牲了，此刻的我能够闻到空气里鲜血和泥土混杂的味道。或许，下一刻我也会跟战友们一样，为了祖国奉献身躯。但我并不害怕，作为男人，这是我的使命和责任，也是为了你，我亲爱的夏洛蒂。

"请你相信，战争一定会结束，假如我能活着回到你身边，我一定会让你做个幸福的女人。假如我不能，不管怎样你都要坚强。想着我还有那么多人，用生命换来的生活，你也要坚强幸福地活下去。今后的日子，我会在天国祝福你。吻你，你的罗尔特。"

夏洛蒂看着信，泪水不自觉地涌出。从那以后，夏洛蒂再也没有哭过一次。短短半年里，整个村子和整个南美到处都被死亡的阴影笼罩着，所有人都很害怕。夏洛蒂和姐姐失去了心爱的人，无比痛苦，但这还只是一个开始。不久后的一天，她们的父亲为了救一名伤员，不幸牺牲。母亲无法承受失去丈夫的打击，彻底崩溃了。此时，勇敢的夏洛蒂扛起了整个家庭的重任。她料理父亲的后事，指挥家里的佣人，照顾生病的母亲，关照年幼的弟弟，安慰软弱的姐姐。16岁的她，面对残酷的战争，带着满心的伤痕，坚强地度过了那段可怕的岁月。

战争结束后，夏洛蒂母亲的病渐渐好了，但她仍旧无法正常生活。幸运的是，夏洛蒂的姐姐在她的带动下，开始帮助母亲照顾弟弟。当多数人都在战争的阴影中抱怨时，残败的街道上竟然出现了一家生意兴隆的家具店，这家店面的主人，正是年满20岁的夏洛蒂。

要做一个快乐明朗的人，就要摆脱抱怨的情绪，用一颗成熟的心去对待生命中不可更改的事实，用一颗包容的心去对待爱与不爱的人，用自省替代喋喋不休的指责，用感恩化解心中压抑的嗔怨。抱怨不如修炼，走出抱怨的人，心宽路也宽。

扔掉你的自卑，这世界其实没什么

女孩L从一所普通大学毕业后，只身一人到上海打拼。由于没有工作经验，社会阅历也不多，她在工作上频频出错，总是受到上司的批评和同事的埋怨。原本就无所依靠的L，骤然觉得世态炎凉，对待工作也变得战战兢兢，生怕出点差错被人否定。

渐渐地，L多了一个毛病，对批评之事特别敏感。只要听到周围的人稍微说她点什么，哪怕是对她的穿着有不同意见，她都会激烈地辩驳，或是一脸沮丧地表示不满，让人感觉到强烈的抵触情绪。

此外，L还特抗拒参加集体活动。公司里都是时尚的年轻人，见多识广者不少，多才多艺的也很多，L没什么特长，唱歌还跑调，跳舞就更不用说了，生怕在人前出丑露怯。自打入职起，有三次公司组织的聚会她都推托了，这也让她跟同事们的关系变得愈发生疏和冷漠。

不难看出，L的所有表现都是自卑心理在作怪。她的自尊心很脆弱，不是想着如何完成任务或是与人沟通，而是琢磨着如何不在人前出错，不遭人批评，不被人看笑话。所以，当她受到一点儿非议和批评时，就会引发痛苦和沮丧的情绪，增强过分的抵触反应。

陷在这种情绪中，L根本无法进行正常的工作和人际交往，她适应情境的能力不断降低，变得反应阻滞，导致越怕出错越出错的恶性循环。当她感到无力承受时，就会做出逃离的举动，回避那些可能会让自己出错的环境，尽量不参与任何群体活动。然而，越是这样封闭，她的自尊心就越脆弱，也更畏惧否定和批评。

或许，我们都应当清醒地认识到一点：人不是机器，都会犯错，都会心急，都会经历失败和被人批评，这是再正常不过的事情，真的没什么。作家王蒙在《我的人生哲学》里阐述过一个心理"不设防"的观点："不设防还因为不怕暴露自己的弱点。弱点总是要暴露的，正像优点也总会有机会表现出来一样。而对待自己弱点的坦然态度，正是充满自信并从而比较容易令他人相信的表现。只要你确有胜于人处，长于人处，某些弱点的暴露反而更加说明你的弱点不过如此而已，而你的长处，你的可爱可敬之处，正如山阴的风景，美不胜收，那还设什么防呢？"

很多时候，我们总在想：如果我做错了，会不会被当成笑料？如果我这样做，会不会有人不高兴？如果我回避，是不是一切都会照常？其实，去看看那些活得潇洒自信、笑靥如花的人，他们也不是超人，也会错误百出，也会哭泣吵闹，但这些并未遮住他们身上的光芒，为什么？因为，他们不会被自己的情绪束缚，不会刻意掩饰自己的错误，活得真实，才能活得潇洒。

美国畅销书作家皮克·菲尔的著作《气场》中讲述到，曾有一位女士向他寻求帮助，原因是她觉得自己在为人做事方面都不如自己的丈夫，甚至在好心好意的情况下都会经常做错事，这些痛苦一直纠缠着她。皮克·菲尔听后，给这位女士写了一张卡片，上面并没有什么让人觉得惊奇的秘诀，只是一些改变自己、改变心态的句子。

然而，就是这些句子，让这位对生活感到近乎绝望的女士，甩掉了自卑和压抑，并深刻地认识到：谁也不可能因为自己的痛苦而让情况发生转变，要想生活得更好，就必须先改变自己，只有改变自己了，才有可能创造奇迹。

是的,要想让自己积极地面对生活,从容地应对所有,就先要甩掉一切跟自卑有关的消极情绪,打造正确的心态。通常,自卑的人都有这样的问题:不会处世,能力不强,缺乏生活乐趣,等等。对这些不足,必须正视其存在,并勇于去改正,任何忽略、回避、掩饰的态度,非但不能使问题自然化解,反而会使问题越来越多,愈演愈烈,积重难返,这才是对自己最大、最根本的否定。

罗斯福刚进入政坛不久,在一次度假时碰到当地发生森林大火,他参与到了救火中。大火被熄灭后,罗斯福深感疲惫,没有及时休息并等体力恢复就下水游泳了。结果,游泳回来后他患上了"小儿麻痹症"。原本在政坛炙手可热的他,突然遭此打击,差点儿心灰意冷,选择退隐。

起初,罗斯福一点儿都不能动,必须每天坐在轮椅上,依靠别人把他上抬上抬下。他厌烦极了这样的生活,就在晚上的时候一个人偷偷地练。有一天,他告诉家里人,说自己发明了一种上楼梯的办法,要表演给大家看。

原来,他是先用手臂的力量,把身体撑起来,挪到台阶上,然后再把腿拖上去。就这样,一节一节艰难而缓慢地爬上楼梯。母亲见状连忙阻止他,说:"你这样在地上拖来拖去的,给别人见了多难看。"然而,罗斯福不以为然,他断然说:"我必须面对自己的耻辱。"

是的,身体上的残缺、能力上的不足,都不是耻辱,真正耻辱的是不敢面对,试图用掩盖和逃避的方式来"撑门面"。丢掉那颗敏感的"玻璃心",不要因为自卑而忧郁、胆怯地活着。诚实地面对自己,发挥优势,对自己的缺点别过分关注,你的人生才会褪去灰色,散发光芒。

Chapter 6

世事本不完美，笑着去化解心中的惆怅

人有悲欢离合，月有阴晴圆缺。

世上之事，不会总顺从你意。把没有缺憾的完美当成人生追求的最高境界，是人生烦扰的根源，也是悲剧的开始。

其实，人生不需要太圆满，用一颗包容的心看待世间万物，会活得更从容。

每个人都要做不完美的自己

Y是一个优秀上进的青年,平日里总告诫自己不要喝酒,可一旦遇到了什么烦心事,就忍不住借酒浇愁,喝过后便陷入了深深的自责和懊悔中。如果哪天酒喝得多了,又滔滔不绝地多说了几句,酒醒后他就会大骂自己没出息,好几天都情绪低落。

对此,周围的朋友都很难理解:偶尔喝点酒,一两次喝得多了,也是常有的事,至于这么折磨自己吗?后来,大家无意中得知,原来Y的父亲一直有酗酒的习惯,喝多了就会在家里喋喋不休,或者跟母亲吵架,从他记事时起,这一幕就印在了他的脑海里。父亲酒后的不完美形象,也烙在了他心里。Y打心眼里认定:喝酒不是好事,喝醉酒更是不可饶恕的错误,自己无法摆脱酒精的诱惑,就是知错犯错。每次他都说,以后再也不能喝酒了。可实际上,他仍然在重复着"借酒浇愁"的日子。

Y在喝酒的问题上为何会陷入恶性循环的怪圈?如果你看过研究美国戒酒协会的第一人科兹写的《承认不完美,心灵才自由》,那么你就会恍然大悟。

科兹提到,以前酒徒们戒酒难于上青天,不管是吃药还是心理咨询,或是求助宗教,都无法让他们彻底告别酒坛。然而,戒酒协会却创造了奇迹,不用药物,不用心理咨询,不通过宗教,只是让酒徒们聚会,讲自己的故事，听别人的故事，就让他们重获了新生。

酒徒们在聚会上，经常会说这样两句台词："我是一个酒鬼，我不完美，我承认自己对酒精毫无办法，我很无能很无助，我需要帮助。""你不完美，我不完美，他不完美，我们每个人都不完美，不过没关系，真的没关系。"

戒酒协会就是用这样的办法，让很多酒徒们告别了酒精。它的独特之处，就是让酒徒们承认自己的不完美，放弃头脑中那个虚幻的自我，重获心灵上的自由。

Y之所以那么纠结和痛苦，也是因为脑海中有一个自我的幻象，这个幻象是完美的，是可以完全掌控自己的，是可以抗拒酒精的诱惑的，是与自己不完美的父亲不一样的。然而，现实又如何呢？他遇到挫折时，借酒浇愁，这个真实的自己跟他想象中的完美自我有着巨大的落差，这个落差撕裂了他的心灵，使他痛不欲生。换句话说，正是对完美自我的追寻，才让他掉进了烦恼的陷阱。

现实告诉我们：世间万物都不完美，每个人都是上帝咬过的苹果，因为他不愿意把所有的好处都给一个人。可能，他给了你美貌，却咬掉了几分智慧；也可能，他给了你金钱，又咬掉了几分健康；还可能，他给了你天赋，却又咬掉了运气……所以，我们看到的自己总是不完美的，有缺陷的。但是，不完美不代表不美丽，不完美不代表一无是处。

台湾漫画家蔡志忠曾打过一个比喻，他说："人生其实就像橘子一样，有些看上去很完美却淡而无味，有些看上去粗糙却滋味十足，你的人生就该是你自己的，因为只有你自己才能知道其中的味道！"

是的，人生就像橘子，有的橘子大而酸，有的橘子小而甜。如果只盯着不完美看，那么甭管拿到大的还是小的，都会抱怨；如果能用积极的态度看待，那么拿到小的，他会庆幸是甜的，拿到酸的，他也会开心是大的。

我们都该试着接纳自己的一切,当完美主义又开始作祟时,可以将那些瑕疵和缺陷视为整体的一部分,用善意和宽容来看待。如此,便能够更加安心地对待自己。

当你对某件事物感到恐惧和不自信时,不要假装"我不怕",你可以坦然地面对这一现实并对自己说:"我心里有点担心,不过没关系。"

当你萌生了贪婪、嫉妒的情绪,不要否认它们的存在,亦不要埋葬自己的感觉,你可以坦然地告诉自己:"每个人遇到类似的情形,可能都会如此,没关系。"

曾有人说,人性之中那些丑陋的,那些让我们不舒服的,甚至是罪恶的东西,就深深地植在我们的生命之中,甩不开它,也杀不死它,因为那就是人的一部分。但是,让我们的生活变得糟糕的,并不是人性中这些丑陋的东西,而是我们对丑陋的不接纳,不接纳的同时,又没有办法根除它。当我们承认了不完美是常态,接纳了那个有缺陷的自己,心里就不会再有拧巴的感觉了。

不管什么时候,当你又开始为某些瑕疵纠结时,试着在心里默念:"你不完美,我不完美,他不完美,我们每个人都不完美,不过没关系。"当你试着用这样的眼光去看世界时,便少了无益的抱怨,多了面对生活的从容淡定。

追随自己的心,做想做的事

每个人都在追求自由,渴望成为更好的自己,但我们真的自由吗?似乎并不,更多的时候,我们甚至是深感被束缚的,根本不敢肆无忌惮地去追随自己的心,做想做的事。当我们试图向前迈进一步的时候,总有一个声音在提醒你:"你不行……"

张珊第一次学跳舞,是在四五岁的时候。姑姑在一家少儿艺术学校做舞蹈老师,有空就会让她和年纪相仿的表妹压压腿,做几个舞蹈动作。表妹喜欢在人前表现,学得也特别快。和她相比,害羞的张珊就显得笨拙一些,频频出错。姑姑比较严厉,每次见张珊跳得不好,就训斥她。越是被批评,张珊越是放不开,最后姑姑干脆不让她跳了,略带失望地说:"你手脚不协调,动作太僵硬,不适合做手脚配合的事。"

也许,姑姑只是一句无心之言,可这句话却在张珊心里生了根,发了芽,变成了束缚她的"魔鬼契约"。这一困,就是15年。

张珊那年不过八九岁,学校的舞蹈队挑选学生,老师们都觉得身材高挑的她不错,可她偏偏不去,还找个借口说脚扭了,后来跑到了歌唱团;上中学的时候,校篮球队选拔学生,有人推荐张珊去参加,她心里还是坚信自己不行,心想着别人三步上篮的时候都挺漂亮,到自己这里若是动作僵硬,一定会被人嘲笑。当然,这件事她从来没有向别人说起过。

直到上大学，开始自由报选修课，张珊在寝室同学的劝说下，报了一个健美操。一开始，张珊心里别提多紧张了，总是担心自己手脚不协调，害怕自己跳得难看而被人笑话。可来都来了，硬着头皮学吧，不行再说。或许是因为年龄大了一些，有了些许主见，也没小时候那么害羞了；也或许是因为跟宿舍的同学比较熟悉，外加上课的很多同学也表示自己从来没有跳过舞，张珊的心理压力便减轻了许多。

老师教得很仔细，先分解动作，再慢慢地连接起来。张珊发现自己放得开了之后，学得一点也不费力，而且动作挺标准的，老师也夸她不错。再看看周围的那些同学，真的有人手脚不协调，比她想象的要严重得多，可她们并不在意，跳得还是很起劲儿。

就在那一刻，张珊坚信了十几年的东西，被彻底颠覆了。

她第一次觉得，原来自己也是可以参加跳舞这类活动的，并非手脚不协调。这些年来，她只不过是被姑姑的那句话"束缚"了，那句话就像是一堵围墙，她站在里面，看着里面跳舞跳得不好的自己，认定了自己就是肢体表达能力差。长大后的她，摒弃了儿时的那股羞涩，鼓起勇气在墙内翩翩起舞，没想到那堵墙就不攻自破了，而墙外面的人看到翩翩起舞的自己，却投来了欣赏的目光。

要彻底摆脱对自己的怀疑，解除"魔鬼契约"，并不是一件容易的事。

大学毕业后，张珊去驾校学车。谁都知道，开车也是一件需要手脚相互配合的事。她就像当初去学习健美操时的情形一样，紧张得不得了，可真的到上车、开车、练习各个项目的时候，几乎每个教练都说她的车感不错，学得很快。最后，所有科目她都一次通过了。

从那之后，她不再认为自己肢体协调能力差了，因为在"墙外"，她听到了不一样的声音，而且他们所说的跟她自己所感受到一样。真实的她并非手脚不协调，即便她在这件事上算不上完美，但也绝非如姑姑所说的那般差劲。

很多时候，我们自己眼睛看到的、耳朵听到的，那些关于自己的好与不好，完美与不完美，未必就是自己真实的样子。或许，它们只是真相的一个"截图"、一个"片段"，恰巧在它呈现出最好或最差的一瞬间，被别人撞见了，或是被我们撞见了，然后便下了一个结论。如果我们此后一直坚信，这就是事实，那或许就掉进了一个局。

或许有人会问：遇到这样的情况时，应该怎么做呢？

很简单，就跟上面所讲述的那段经历一样，打破那堵"墙"，打破自己和别人单方面的看法与说辞，多跟别人交流沟通一下，每个人看事物的立场和角度都不一样，将他们的看法和观点糅合起来，再联系自己的所见所闻，或许那才是事情的真相。

说得再通俗一点，当你凭借自身的判断，觉得一件事物很完美或是很不堪的时候，那或许不是真的。你试着听听别人怎么说，带着那些不同的说法重新审视那件事物，看看是否如此。记住，这跟人云亦云是两回事。如此做法，是要我们全面地认识自己，全面地认识事物，避免陷入固执己见、执迷不悟、妄自菲薄的境地之中。

接受生命中的残缺与悲伤

天有不测风云，人有旦夕祸福，这个不完美的世界里充斥着各式各样的残缺。有人生来就要承受身体上的残缺，抑或是被意外夺走了健全的肢体；有人命运多舛，接二连三地遭遇不幸；也有人从事业的巅峰瞬间坠落低谷，没有任何防备……残缺就跟空气一样，无时不在，无处不在，没有谁能够左右它的存在。

只是，对待残缺这件事，多数人的态度都是相似的，那就是抗拒。不愿接受物品的瑕疵，厌恶他人身上的不足，渴望平坦的生活、优质的爱人、美好的结局，但凡有不如意的事情，就怨声载道，嫉妒别人看似"完整"的生活。其实，有谁的生活真那么美好呢？世界本就是由一个又一个不完整串联起来的，很多东西，你越是抗拒它越是存在，从容地去接受才能感受到快乐，并在残缺中发现美好。

某个小镇上住着一对母女，每天傍晚，女孩都会在街头的广场拉小提琴。人们喜欢她的琴声，因为它犹如天使的温柔低诉，安抚着人们疲倦的心。久而久之，人们都认识并喜欢上了这个女孩，因为她不仅小提琴拉得好，皮肤也很白，精致的五官生在一张白瓷的脸上，那种高贵和美丽，简直让人嫉妒。人们想象着，这个女孩日后一定能走进金碧辉煌的音乐大厅里展示她的才华。

不干涉别人，也不苛求自己

"上帝创造了人，而人却想当上帝。"

心理学家荣格说，一切心理问题的根源，都源于上述这一事实。

有一位阿姨，为人善良宽厚，即便是初次与她见面，也会被她的热情和质朴打动。不过，跟她接触久了的人，对她却有不一样的看法。比如，她在某俱乐部的老相识们说，她这个人心肠是不错，但却太喜欢"管"别人了。和她关系不错的人，谁做了一些让她看不惯的事，她就会以一副"我是为你好"的姿态去批评别人，告诉别人她遇到类似的事情时怎么做，让别人也按照她的方式来做事。

尽管这位阿姨说话的时候总是慢条斯理的，但也让人觉得不舒服。毕竟，大家都不是小孩子，也都是四五十岁的人了，谁对生活都有自己的看法和认识，也有自己的做事风格，不能要求谁都跟她一样！她那苦口婆心看似热心的帮助和开解，其实挺让人受不了的。

对于别人的想法和感受，那位阿姨丝毫不知。她一心只想着"我是为你好""我必须得提醒你"，却没想到自己实际上是在干涉别人的生活，是在对别人的行为举止"指手画脚"。

她的想法、做法和建议，真的适用于所有人，且能帮他们解决所有的问题吗？未必。她只是看到不同于自己的做事风格，心里会不舒服，忍不住要去"纠正"罢了。那所谓的"我是为你好",恐怕是因为她自己根本不知道症结在哪儿,一厢情愿的想法。

无独有偶。有位艺术家,醉心追求完美,渴望控制一切。这里说的"一切",包括他自己,还有他的家人。家中来客人,妻子偶尔招呼不周,事后他便喋喋不休地指责妻子做得如何不好,甚至声称这是没有涵养的表现,做人一定要如何如何才行……妻子满腹委屈:谁还不犯点错呢?更何况我又不是成心的,何必这么咄咄逼人?

对他不满的,不只是妻子。孩子高考填报志愿的时候,他觉得孩子眼光不够长远;孩子就业择业的时候,他苦口婆心地给孩子讲述为人处事的道理。如果孩子不听劝,他心里会很焦急,因为他担心事情的发展会偏离自己预期的轨道,而后有很多意想不到的情况发生。慢慢地,孩子有事不愿意跟他说了,甚至干脆就不让他知道。

这位事事都要干涉、自诩做事有见地的艺术家,对妻子的苛求,换来的是对方的委屈,对孩子的各种"管束",换来的是"敬而远之",何苦呢?

还有一种人,就像叮当小姐,今天说这个人穿衣服邋遢,明天说那个人办事不力;看见谁在发言时害羞脸红,便私下撇嘴说人家没前途;即便有人工作干得出色,在她眼里也不过是"歪打正着"。批评别人,让她觉得自己优越,心里会有一阵满足的舒适感。其实,她自己也不是没有缺点,做事无可挑剔。至少,她对别人的看法和评议,就已经引起了很多人的不满,只不过她自己自以为是、浑然不知罢了。

要说最可悲的,还是这样一种人:苛求自己将任何事都做得完美,让自己变得疲惫不堪,目的就是为了让别人欣赏自己。如果有人对他的努力表示不屑,对他的成功熟视无睹,真比杀了他还痛苦。这类人比上述说过的那些人,更期待扮演一个高高在上的角色,期待别人承认自己的完美。

殊不知，一辈子为别人的评议活着，注定没有得到安宁的时候。你能控制自己，但你控制不了别人说什么。如果遇到了像叮当小姐那样的人，纵然你做得已经很好了，可她偏要鸡蛋里挑骨头，你又能怎么样呢？

《承认不完美，心灵才自由》的作者科兹博士曾经讲述过这样一个故事：公元三四世纪，埃及的沙漠里生活着这样一群人，他们情愿放弃繁华闹市的生活，隐居在沙漠里，过着艰苦的生活；他们以草为食，一禁食就是几个星期；他们一连几天把自己捆绑在石头上，直到筋疲力尽为止。很多人都想知道，他们到底是一群什么人？他们到底想干什么？

其实，那是一群寻求人生真谛的人，他们有一个非常响亮的名称，叫作"沙漠教父"。他们就跟中国隐居深山的苦行僧一样，通过苦难，体会人性的不完美。他们告诉世人：因为人不完美，所有很多事都无法掌控；因为人不完美，所以会犯各种各样的错误；因为人不完美，所以总是困难重重。只有接纳了不完美，心灵才能自由，才能从痛苦中找到快乐，从荒谬中找到意义，从喧嚣中找到宁静，从黑暗中找到光明。

每个人都有自己的活法，我们没有理由干涉谁的人生；每个人都会有思虑不周的时候，我们不能苛刻地指责，不予原谅；每个人都有这样那样的小陋习，我们不能因此否认他们的闪光点；我们追求成功为的是体现个人价值，不能奢望他人因此都敬仰我们。

求同存异，是一种生存智慧，也是一种生活方式。不去干涉别人的生活，也不强制别人接纳自己的思想，与你相处的人觉得轻松，而你自己也少了无谓的烦恼，何乐而不为呢？

把目光从别人的生活中收回来

《伊索寓言》里有一则关于城市老鼠和乡下老鼠的故事:

城市老鼠和乡下老鼠是好朋友。一天,乡下老鼠写了一封信给城市老鼠说:"老兄,什么时候有空来我家里玩,这里有美丽的自然景色和新鲜的空气,还有悠闲的生活,你一定喜欢。"

城市老鼠接到信后,高兴坏了,连忙起身就去了乡下。到那里后,乡下老鼠拿出了很多大麦和小麦,款待客人。城市老鼠见了,不以为然地说:"你怎么老是过这种清贫的日子啊?在这里住着,除了食物,什么都没有。你不觉得乏味吗?我想,你还是应该跟我到城里去看看,那儿的生活不知道有多美呢!"

于是,乡下老鼠跟着城里老鼠进城了。到了城市老鼠的家,乡下老鼠顿时就傻眼了,它哪里见过这么豪华、干净的房子啊!见此情形,不由得心生羡慕。想想自己,每天在乡下从早到晚一直都在农田里奔跑,长期吃大麦和小麦,冬天还得在寒冷的雪地上搜集粮食,夏天更是累得汗流浃背。跟城市老鼠的生活比起来,自己实在太不幸福了。

闲聊了一会儿,它们爬到餐桌上开始享受美味大餐。突然间,砰的一声,门开了,有人走了进来。它们吓了一跳,连忙躲进墙角的洞里。乡下老鼠哪里经历过这样的场面,吓得忘了饥饿。等它缓过神来后,立刻戴起帽子，对城市老鼠说："老兄啊，还是乡下的平静生活比较适合我。这里虽然有豪华的房子和美食，可每天都紧张兮兮的，我还不如回乡下吃麦子，至少心里踏实啊！"说完，乡下老鼠就离开城市，回乡下了。

不同个性、不同习惯的老鼠，眷恋着不同的生活方式。即便它们都曾经对不同的世界和生活感到好奇，可最后它们还是回归到自己所熟悉的生活圈子里，并且都重新获得了快乐和满足。

世界多姿多彩，每个人都有属于自己的生活方式。最好的生活不是那些最亮丽夺目的，而是最适合自己生存发展的。鹰击长空，鱼翔浅底，虎啸深山，驼走大漠，无不是选择了适合自己的位置才造就了生命的极致。

关于婚姻，我们都该懂得，不是对方条件优异就能成为完美的爱人。婚姻是与合适的人过适合自己的生活。人们常说，人这辈子会遇到三个人，一个你最爱的人，一个最爱你的人，还有一个和你共度一生的人。遗憾的是，这三个人大多情况下不能合而为一，你最爱的往往没有选择你，最爱你的往往不是你最爱的，而最长久陪伴你，和你步入婚姻的，是那个在最合适的时间出现的最合适你的那个人。我们所见的那些美满的婚姻，并非轰轰烈烈，每天烛光玫瑰，亦不都是男才女貌、珠联璧合，更多的是相濡以沫，像亲人一样彼此包容、关心。

一生的日子是两个人一天天地过下去，爱情是玫瑰，只适合锦上添花。面对生活的苦与累，柴米油盐的琐碎，我们需要的是一个能够陪自己看细水长流的人。唯有找到那个适合自己的人，才能在凡俗的日子里找到舒适的状态，相扶到老。

关于事业，我们该懂得，不是高薪、体面的职业就是完美的选择。著名的新东方教育集团总裁俞敏洪曾经说过："每个人都有树的种子，有了树的种子，人人都会长成参天大树，在远处别人就能看到你，活着是一道亮丽的风景线，死了依旧是栋梁之材。"这番话无疑是在提醒我们，每个人都有自己的价值，唯有找到最适合自己的，才能实现人生的价值。

人生有许多事情可以做，可最重要的还是知道自己最适合做什么，只有做自己最适合的才是最愉快的，也才是最容易做好的。如果站错了位置，即便你有才华，也可能被埋没。千万不要认为最好的选择就是去哪个部门，干哪个行当，要问问自己的心，那是不是自己喜欢的、熟悉的、有能力干好的。简单来说，就是看它是否适合自己，毕竟只有适合自己的，才是最好的。

关于生活，我们该懂得，不是别人都向往的就是完美的。只有做自己喜欢的事，才能收获幸福。这样的幸福不需要你去超越什么，也不需要你去刻意追求，它是自然而然的，与生活相伴而生。按照自己喜欢的方式生活，会迸发出无穷的活力，遇到再多的困难也能克服；按照自己喜欢的方式生活，会永远感觉前面水阔天高，阳光似锦。

从现在开始，把你的目光从别人的生活中收回来吧！他们的世界里找不到你的精彩，试着专注于自己的内心，找到适合自己的坐标，纵然它称不上多完美，却是再好不过的选择。

无须逞强，接纳自己脆弱的一面

2004年的法国网球公开赛上，女选手维纳斯·威廉姆斯连胜17场，战绩傲人。当记者追问她对胜利有何感想时，她说："我还不够努力。有时，我获胜心切；有时，我求胜心不够强；有时，我不遵循教练指导；有时，我不听从自己的安排。我讨厌在任何事情上犯错，不仅是赛场上。"

是的，威廉姆斯对自己的要求甚是严格，不容许任何的错误。有人说，她能获得现在的成就，完全得益于她给自己设置的高标准，追求完美是她实现目标的原动力。可是，加拿大心理学家保罗·休伊特却不这么觉得，他说："这些人往往忽略了完美主义者脆弱的一面。"

休伊特与戈登·弗莱特教授，长期以来一直研究完美主义，他们发现无论是哪种类型的完美主义者，都免不了有这样那样的健康问题，如焦虑、沮丧、失落等等。加拿大芭蕾演员克伦·凯，在职业生涯中的表演超过1万场次，可她在自传中却说，只对其中大约12场演出感到满意，提及对自我能力的感想，她的第一感觉就是失望。

现实中很多人都没有意识到这一点，总觉得别人对自己有更高的期望，必须要不断地努力。他们畏惧尝试新鲜的事物，生怕做不好会被人嘲笑和质疑。他们习惯把所有的问题都扛在自己身上，总试图展现自己美好的一面，不愿意请教别人，或是承认自己的不足。

这种表现，就像泰勒在《幸福超越完美》中写到的那样："他们很愿意给别人提建议，力图把事情再次变得完美，不过，他们自己却不愿意寻求他人的建议或是任何形式的帮助。事实上，寻求帮助是完美主义者转变为最优主义者最好的一个方法，展示真实的自我，表达内心的需求，展露自己的脆弱。"

在成长的过程中，我们或多或少都被灌输过这样的想法：要争第一，要赢过别人；想在社会中生存，就要成为一个"强者"。然而，我们真的需要成为一个强者吗？成为强者真的可以给人带来心安和满足吗？

未必！生活，从来没有"必须"，所有的"应该"和"必须"都应当丢弃。唯有这样，我们才能成为一个自然的人，流露出自己真实的一面，不伪装，不掩饰。脆弱是人性中固有的一部分，在需要释放的时候可以流露出来，刻意掩饰着自己的脆弱，故作坚强，看似是勇敢，实则伤在内心。

司徒小姐是一家大公司的主管。每天早晨起来，尽管头脑还因为前一天的加班而发晕，可她临出门，还是会对着镜子勉强地挤出一个微笑。她暗示自己："我必须要精神饱满，我必须要展示出自信和快乐。"

其实，她潜意识里的想法是——"低落"是不对的，"疲倦"是不好的，"脆弱"是会被人嘲笑的。所以，她每天都用自信的面具把自己伪装起来，可在内心深处，她会隐隐约约地感到一丝沮丧，因为她所表现的并不是自己的本性。

遇到了挫折和失败，司徒小姐也会装作满不在乎，她始终把自己最干练、最坚强的一面展示出来，她总在暗示自己："我不能哭，我不能倒下，我不能那么脆弱，我必须要勇敢，要坚强。"当听到别人说"你真是个坚强的女人""我真的很佩服你，我就做不到"时，她会感觉内心有一种优越感、成就感。

其实，离开人群、躲在家里的她，大口大口地吃着零食，掉着眼泪，内心有一种莫名的悲伤，怎么样都挥之不去。当然，第二天她还会一如既往地出现在人前，当作什么事也没有发生过。

司徒小姐是真的坚强吗？不，我们都看到了，她是多么脆弱和无助。只不过她不想承认，也害怕承认。或许，连她自己也想知道，究竟要怎么样做才能真的变"坚强"。

这个问题不是简单的一两句话就能够说清楚的，在解决此难题之前，我们必须先弄清楚一个问题：是脆弱想要变成坚强。"脆弱"只有跟"想要坚强"的概念在一起，它才能够停留。这就如同，如果你放弃了想要成为富翁的念头，你怎么能够继续想到你自己是贫穷的？如果你放弃了想要博学多才的想法，你怎么能够觉得自己无知？

台湾作家张德芬说过："凡是你抗拒的，都会持续。因为当你抗拒某件事情或是某种情绪时，你会聚焦在那情绪或事件上，这样就赋予了它更多的能量，它就变得更强大了。这些负面的情绪就像黑暗一样，你驱不走它们。唯一可以做的，就是带进光来。光出现了，黑暗就消融了，这是千古不变的定律。喜悦，是消融负面情绪最好的时光。"

答案已经出来了。我们身上的每种特质，心中的每种感情，都可以让我们得到某一方面的收获。脆弱，也是内心世界不可分割的一部分，我们抗拒它，所以它才会一直存在。当我们试着放弃想要坚强的欲望时，有一天会惊讶地发现，脆弱也消失了；唯有刻意压制某些特质的时候，它们才会成为阴影。如果你渴望消除它，那么你首先要做的就是，勇敢地接纳它！

感情里最伤人的,莫过于挑剔

他和她是在火车上遇见的。他是一位画家,一直用画笔描绘着坐在对面的她。当他把画稿送给她的时候,他们才知道原来彼此同在一座城市。两周后,她就认定了他是自己一生所爱。

那年,她嫁给了他。穿上洁白的婚纱,宛若做了一场美丽的梦,感觉真好。可是,这种美好却像是划过的火柴,在婚礼过后的平淡生活中,再也没有了光亮。他不拘小节,不爱干净,不擅交际,且崇尚自由,喜欢无拘无束的日子。性格温润的她说话低声细语,从未跟他争执过,可在内心深处,无法说服自己接受他的那些习惯。虽然她知道,他品行端正,从不拈花惹草,而他们已然不能相爱如初。

婚姻只维持了一年多,她就含泪跟他离了婚。她不再管他的头发是否蓬乱,不再管他几点休息,不再过问他跟谁在一起。她嫁给了一个"正常"男人,对方能给她烛光晚餐,陪她远足旅游,送她玫瑰花床,无论怎么看,都近乎完美。

不久后,她发现她的"完美爱人"有了外遇,还公然地把情人带回家。她才明白,一个人真正的缺点不是外在,而是内心。那一刻,她的眼前浮现出和前夫在一起时的一幕幕,那颗柔软的心像是被尖刀戳痛,她觉得很委屈。此时,那个被她嫌弃的男人,已经成了有名的艺术家。曾经堆在房间里无人问津的画稿，都已经变成了钞票。

他们找回了那段逝去的爱情。他们还像从前一样生活着，她不再计较他身上的那些缺点，直到他被确诊为癌症晚期。弥留之际，他拉着她的手，问："为什么还要陪着我？"她说："爱比婚姻长得多，我错过，但不想一直错下去。我愿意守候你，就像你当初对我一样。"

多少人渴望在现实中能够遇到完美恋人，却终其一生都未能拥有。明智的人都懂，纵使寻遍千山万水，那个人也不可能来到你的生命里，因为他（她）根本就不存在。更多的时候，我们所遇到的人是这样：有志的可能无心，有心的可能无力，有力的可能无才，有才的可能无钱，有钱的可能无情，有爱的可能无缘；有天时少了地利，有地利少了人和，有人和又少了其他……终不能如愿。

世人常说，婚前要睁大眼睛，婚后则要睁一只眼闭一只眼。睁大眼睛是让我们不要盲目做选择，而睁一只眼闭一只眼则是让我们学会接纳和包容对方的不完美。太专注于对方的瑕疵，会对另一半的好视而不见。你嫌弃对方鲁莽，却不知道鲁莽之人有宽容豪迈的一面；你认定细腻是优点，却不知道细腻之人有敏感多疑的习惯。

有一位优秀的男士，单身了半辈子，终于在45岁那年结了婚。新娘的年纪与他相仿，从前是演艺圈里的歌星，现在早已退隐，曾经结过两次婚，都以失败告终。身边的朋友都觉得，这个男人太吃亏了，这段婚姻不太完美，因为新娘身上的瑕疵太多。

一次，他跟朋友相约去钓鱼，途中朋友无意中又提及他的婚姻。他一边开车一边笑着说："我这个人哪，年轻的时候就盼着能买辆宝马开开，可惜没钱啊！现在，我还是买不起，只好买了这辆二手车！"其实，他开的就是一辆宝马车。

朋友愣了半天说："二手车？看起来也很好呀，马力很足。"

"是啊！"他大笑起来，"旧车有啥不好的呢？就像我太太，先是嫁给一个广州人，后又嫁给一个上海人，还在演艺圈里混了20多年，大大小小的场面都见过。现在她人到中年，收了心，也没有了从前的浮华和娇气，踏踏实实，还能做一手好菜。说实话，现在真是她最完美的时候，我有时觉得自己遇到她，才是幸运呢！"

"你说的也挺有道理的。"朋友陷入了一阵沉思中。

他握着方向盘，平淡地说道："其实想想我自己，我又完美吗？我还不是千疮百孔，曾做过许多荒唐事，可正因为我们经历了这些，所以才变得成熟，懂得忍让，彼此珍惜。"

一个古老的故事中讲到，一把锈迹斑斑的剑本是稀世珍宝，但追求完美的人却非要把剑上的锈迹斑斑磨掉，而后宝剑变得不再珍贵，甚至失去了最基本的功能。

宝剑如是，人亦如此。有缺陷的才是真实的，以爱之名，玩着爱情游戏，成就最初的"完美"，这样的感情是你想要的吗？即便真有如此完美的爱人，你又敢爱吗？你会不会因为自己的不完美而自惭形秽？如果你还是执迷于追求完美，那无异于在用完美扼杀自己的幸福！

爱情不是想象中的风花雪月、浪漫情怀，它是走过浪漫之后的那种真实的平淡生活，波澜不惊，平缓而淡然地在生命的长河中荡涤出一条涓涓细流，时刻滋润着生命，而不是惊涛骇浪过后的萧索与失去。爱人亦不是偶像剧中那清纯绝美或是风流倜傥的主角，而是在平淡如水的日子里，粗茶淡饭，不离不弃，永远陪伴在你生活里的那个人。

别再因为只存在于想象中的那个完美形象，去挑剔和嫌弃身边那个真实的爱人了。细想想，一个不完美的他（她），若能给你完美的爱，又何尝不是一种幸福呢？

Chapter 7

绝美的风景在心里,
绝好的时光在此刻

不要总是希冀着诗和远方,
活着的每一天都是特别的日子,
都是弥足珍贵的日子。
生命就是一场『惜福』的过程,
珍惜每一天,享受每一刻,
热爱当下的每一天,
不要让时光白白流逝,
才是应有的生活态度。

黑暗与光明都来自心灵

古希腊神话中的西西弗斯，因触犯了天条被众神罚到人间做苦役。他所从事的劳动，是将一块巨大的石头从山脚推到山顶，然后让这块石头从山顶滚落下来，再将其从山脚推到山顶而后滚落，周而复始。

若干年后，众神觉得西西弗斯被折磨得差不多了，想看看他在经受了这样的教训后是否有悔改之意。然而，令他们感到意外的是，西西弗斯并没有被折磨得不成"神样"，反倒是精神饱满，锐意风发。原来，西西弗斯并没有把推石头上山当成苦役而郁闷不堪，也没有因为看到石头一次次滚落下山而沮丧。他把推石头上山这件事当成劳动的过程，享受着把它从山脚推到山顶带来的成就感。

一位智者说过："由于智慧有限，当我们被绝望、悲观笼罩时，就会觉得这个世界是黑暗的，人生的前程是黑暗的。一般人处在这种状态中，会把原因归咎于环境、命运或他人，认为自己是无辜的受害者。其实，这是一种颠倒。环境无所谓黑暗与光明，光明与黑暗都来自于我们的内心。如果内心是光明的，无论身处何处，总能看到希望；如果内心是黑暗的，即使处在天堂，恐怕眼前也看不到光明……"

黑暗与光明来自于内心，痛苦和快乐亦是如此。当你深陷痛苦的泥沼中无法自拔时，当你或周围的人终日郁郁寡欢、敏感暴躁时，你应该反思一下：究竟是什么剥夺了自己快乐生活的权利？

　　林菲菲瑟缩着走在冬夜的街头，心里的温度似乎比周围的空气还要低。在单位忙碌了一天后，她又给一个孩子补习了2个小时的功课，每天这么身心疲惫地奔着日子，只为了早点还清背在身上的房贷。突然间，一个瘦弱的身影出现在她的视野里。那个女人40岁左右，但身高却跟10岁左右的孩子差不多。林菲菲下意识地躲开了，担心她是一个拉着人不放手的乞丐。

　　可是，很快林菲菲就发现自己错了。那个瘦小的女人，每天穿行在人群中，她并没有拉住任何人，而是在做买卖。她没有沿街吆喝，只是蹒跚地行走，手里或是捏着几根皮筋，或是捆着一打鞋垫。她不是乞丐，和千千万万城市工作者一样，她也在自食其力。林菲菲转而看向周围，真的有一些拦住行人乞讨的乞丐，而他们肢体健全，看起来比这个瘦弱的女人健壮许多。那一刻，林菲菲忽然对这个女人生出一些莫名的敬意。

　　那段时间，每次看到那个女人，林菲菲的目光都要追随她一阵。她的生意很冷清，偶尔会有人光顾一下她的"小摊"，也挣不了多少钱。后来，每到这个地方，林菲菲都会下意识地寻找那个瘦弱的身影，不管看得见还是看不见，她的心里都会流动着一丝忧愁：那个女人，她的心里会压着怎样沉重的石头呢？是否过得比自己更艰难呢？

　　后来的一天，林菲菲看到那个瘦弱的女人做起了新生意，这一次卖的是瓜子。她的脚前放着一个不太大的编筐，手里拎着一杆小秤。林菲菲想去买点瓜子"关照"一下她，但她却没给林菲菲这个悲天悯人的机会。那个瘦小的女人拎着秤，随着旁边广场上锣鼓的节奏怡然自得地扭动起腰肢来。

　　就在那一刻，林菲菲以往为这个女人所生的同情、难过和担忧，全都不见了。留在她心里更多的是为自己难过，每天忙忙碌碌、愁眉苦脸，想不起有多久没露出过笑脸了。在这个瘦弱的女人面前，她看到的是自己生命的苍白。工作的辛苦，生活的压力，让她沉浸在沮丧和痛苦中太久了。眼前这个做小生意的女人正用她生命的光芒照耀着自己，无声地向自己诠释一个简单的人生哲理：没有什么东西可以剥夺你快乐的权利，除非你自己！

背负着房贷过活，势必要承受更多的压力，但想想有了一个属于自己的落脚点，能把它打造成自己喜欢的样子，不正是辛苦换来的欣慰吗？沿街做生意不容易，但能看到形形色色的人，听到形形色色的故事，偶尔跟着广场的音乐起舞欢乐，也不失为苦中作乐的调剂。

活在世间，工作的压力、生活的烦恼，每个人都会有，谁也不比谁过得容易。不要看到别人的脸上挂着笑，就觉着人家不知艰辛痛苦为何物，一切的一切无关环境，只关心情。就算是面对相同的遭遇，有人绝望到选择轻生，也有人笑着面对像什么都没有发生一样。

向来以幽默著称的美国作家马克·吐温，自身的经历却饱含着强烈的悲剧色彩。她的两个哥哥和一个姐姐在他年少时相继死去，他的四个孩子也是一个接一个先他而亡。可他一直相信，如果以欢笑为止痛剂去减轻来自生活的痛苦，终将会品尝到快乐。他说："在生活的舞台上，学着像演员那样感受痛苦。此外，也要学着像旁观者一样，对你的痛苦发出微笑。"

世界的黑暗与光明，内心的痛苦与快乐，完全在于自己对世界的感知。你越是去强调生活中的艰辛，就越会给自己找烦恼。直到有一天，你放弃了所有的胡思乱想，放弃了所有的奢望，开始能够淡化烦恼，静静地听一首歌，陪家人喝一杯茶，听听孩子的笑声，你就会发现，其实生活并没有那么糟糕，只是你一直不曾发现它的美好而已。

用心体味生活中的点点滴滴

一直以来，很多人都在羡慕轰轰烈烈的生活、蒸蒸日上的事业，总以为那样的人生才精彩。回顾眼下，像白开水一样的生活就显得索然无味了。可惜，终其一生能站在金字塔尖上的人毕竟是少数，更多的人到最后都是沦为了平平凡凡的大多数，过着简简单单的生活。

平淡的人生，真的那么令人厌倦？或许，令人厌倦的不是平淡，而是一颗干瘪的心。村上春树说过："不懂体会小确幸的人生，不过是一片干巴巴的沙漠罢了。"不是只有轰轰烈烈的生活才有味道，任何一个懂得体味细微美好的人，都能够把生活过得热气腾腾，充满温情。

曾有人在网上发过一篇帖子，让网友们分享一下自己的"小确幸"。若不是用这样的方式，可能许多人都没有意识到，原来许多不起眼的生活细节里，也藏着满满的爱与幸福。

"爱人很忙，经常在外地出差，我都快感受不到他对我的爱了。可是，今天早上我突然感觉好幸福。早晨，他不用去公司，很早就起床叠被，洗漱，准备早餐。我故意不睁开眼睛，假装睡觉。但是，我却能从那些窸窸窣窣的声音里，猜想出他轻手轻脚的样子，他在保护我的晨睡。就是那一刻，我突然感觉心里一阵暖流流过，流淌在这个一切如常的早晨。"这是一个叫"猫儿怪怪"的女网友的留言。

另一位叫"伏尔加河"的网友说:"辛苦忙碌了一天,下班后回宿舍的路上,看着健身广场上那个空荡荡的秋千,突然有了一种上去坐坐的冲动,于是便坐了上去。我荡着秋千,在树的枝叶剪出的片片夕阳里,轻轻地闭上眼睛,什么也不想。就在这隔着眼睑的光与影的交替闪现中,突然感觉一种幸福在身边袭过的微风里暖暖地荡漾着。"

美好的体验就像是珍贵的钻石,每个人都渴望拥有。只是,许多人对美好心存误解,把成功、名利、物质等跟它联系起来,仿佛美好是这一切的附属品。其实,生活中处处都有"美好的钻石",它需要的就是一双善于发现的眼睛,一颗乐于品尝细微幸福的心。

丈夫失业了,罗娜虽有能力扛起家庭的经济重担,但心里却充满怨气。她总觉着,丈夫若是能干一点,日子会比现在好过许多。她的潜意识里,认定了嫁得好胜过干得好,幸福的生活跟物质有关。

然而,在接下来那个周末发生的两件事,却让罗娜陷入了沉思中。

周六,她到小区门口的修鞋摊去修理鞋跟。修鞋的人在这里摆摊有几年了,是一对聋哑人,男的50多岁,女的看起来稍微年轻一些。男的接过鞋后,用手比画着,跟她商量价钱。女的见她听不明白,就找来纸和笔让他写。她点点头,表示接受,男的就开始埋头修鞋。

就在这时,机子上的线没有了,男的就拿线穿针,也许是眼花,也许是无意,没穿上。见此情景,女的连忙放下手里的活,从丈夫手中拿起线,很快就穿好了。男的对她微微一笑,女的也回过头来冲他一笑。

这样的一个细节,深深地触动了罗娜。从那对聋哑夫妻的相视一笑里,她感受到了温馨与默契,还有一份浓浓的爱。在他们的世界里,永远都无法说出"我爱你"这样的话,可他们的爱却那么真实地存在着,静静地流露在穿针引线的细节里。

此事之后,罗娜的目光不再局限于工资年收入,而是愿意花点儿时间去看看周围的人和事，在细节处感受久违的美好。从前的她，下班路上一直风风火火的，而现在她会放慢步伐，去感受难得的轻松。

一次，罗娜路过修自行车的铺子时，发现摊主是一个腿有残疾的男子。他正在门口的小桌上吃饭，旁边放着一个脏兮兮的婴儿床，里面躺着一个沉睡的婴孩，妻子在一旁默默地看着他吃饭。来了修车的顾客，男人就笑着对女人说："先把车胎扒下来。"他的语气充满了自信和快乐，而妻子的脸上也露出微微的笑意，熟练地把车胎扒开取出，放到旁边一个有水的盆里，寻找车胎扎破的地方。

罗娜的脑海里，突然闪出了"夫唱妇随"四个字。默契的眼神和语调，让她的心里生出了一种羡慕感：原来，幸福可以这么简单！没有太多的物质条件，就是点点滴滴的和谐里随意流露出的默契和理解，就能让一个家温暖盈盈。

目光从别人身上转向自己，罗娜不禁摇摇头，觉得自己太不知足。丈夫不过是暂时失业，且是自愿辞职，有硕士学位的他，再谋求一份新的工作并不是太难的事。日子过得这么别扭，不是丈夫的问题，也不是钱的问题，而是自己的问题。细想起来，爱就是一个个小细节组成的，如果省略了细节，爱就是一片空白了。回想起丈夫的好脾气、好性情，罗娜觉得找回了丢失已久的踏实感。

多少人孜孜不倦地去寻找所谓的幸福，却看不到身边已有的美丽。幸福更多的时候都是以朴素的面目出现的，守候在逐渐老去的父母膝下，陪伴在健康成长的孩子身边，和爱人一起精打细算地过日子，在工作中努力实现个人的价值……这都是幸福。别再感慨生活在远方，最好的时光，其实就在街头巷尾、乡村农舍、柴米油盐的生活里。

活着的每一天都是好日子

或许是年轻时受过太多的苦，当日子一天天好起来后，她还是过着清简的日子，舍不得吃穿，但凡有点儿好东西，都要留给身边的人。

孩子小的时候，家里没什么钱，冬天基本上就是吃自家种的大白菜。偶尔，孩子也会闹脾气，说白菜不好吃，想吃点新鲜的菜。每每这时，她才意识到应该去买点鲜菜，改善家里的伙食了，若手里的钱有结余，她也会买点肉来炖。只是，餐桌上依然有白菜，孩子们不吃，她吃。丈夫夹起一点肉放在她的碗里，她总说："我不吃，胃消化不了。"

结婚十几年后，丈夫的单位效益变好了，他的工资也涨了，家里总算摆脱了贫困，日子也逐渐好起来。丈夫说她穿得太素净，有时发了工资就会给她买一两件衣服。她试穿的时候很开心，眼角就上翘起来，挤出一道道岁月留下的鱼尾纹。她身材好，穿什么都好看，只是那些衣服买回来后，她都小心翼翼地存放在衣柜里，说："等改天出门的时候再说吧！这衣服在家里穿，忒浪费了。"

儿女长大了，都有了各自的工作和生活，她也清闲了下来。丈夫提议，要带她到外面看看，说现在有很多"夕阳团"，就是给老年人准备的。她本是不想去的，舍不得花钱，但儿女和丈夫都说，趁着现在身体还硬朗，应该去见识一下世界的奇观妙景。她同意了，随后跟丈夫一起报了旅行团，去了一趟10天的欧洲行。

在英国逗留时，她试戴了一条雅致的名牌围巾，配她的气质刚刚好。丈夫知道她喜欢，就买了下来，让她在旅程中戴着。她说什么也不肯，毕竟价格很贵，东西很好，她担心弄脏了，或是不小心丢了，若那样的话实在太可惜。她跟丈夫说："留着吧，万一以后有什么特殊的日子，戴出去还是新的。"

当那条围巾再次从柜子里拿出来时，高昂的价格标签还在上面挂着，此时距离那次出境游已有五六年的光景，而她也因癌症离开了这个世界。丈夫抚摸着那条围巾，对儿女们说："你妈一直舍不得用，她想等一个好日子再用……以后，不要把好的东西留到特别的日子用，活着的每一天都是最好的日子。"

回想一下，你是不是也曾犯过这样的错误？或者说，此时此刻就有这样的想法？

总想着等忙完这个项目一定好好休息，结果忙完了之后，又马不停蹄地接手了新任务；总想着找点时间看看书，手里却一刻不停地刷着手机屏幕；想到外面新开的餐馆尝尝鲜，却因为家里有剩菜而打消了念头；买了一套精美的茶具，想着有客人来的时候拿出来共赏，结果搁置了两三年却忘了拿出来；想跟老朋友聚一聚，却总是说"找机会"……我们总在等着"将来"，等着"某一天"，却忘了活着的每一天都是最珍贵、最特别的日子。

苏联作家奥斯特洛夫斯基在《钢铁是怎样炼成的》里有一句名言："人生最宝贵的是生命，生命属于人只有一次……"是的，生命只有一次，只有珍惜活着的每一天，享受活着的每一秒，才会在离开世界的那一刹那不觉后悔。

有个女孩因接受不了男友移情别恋的事实，变得精神恍惚，甚至想到了自杀。朋友去看她的时候，只说了一句话："好好活着，我们将来要死很久。"这句话深深触动了女孩的心，把她从绝望的泥沼中拉了回来。

许久以后，她跟朋友说："没有一个人在面对死亡的时候可以无动于衷，即使你下定决心想结束生命，但真的要去做这件事时还是会害怕。我很庆幸自己悬崖勒马，没做出那么极端的事，也谢谢你让我明白，我的生命不是为了一个离开的人而存在，而我们也没有掌控生命长短的权利，活着的每一天都是奇迹，都应当珍惜……"

人生是一列单向行驶的列车，很多时候，我们总觉着人生还长，日子还多，有些东西要留到"特别的日子"再去用，有些事情可以等到"将来"和"某一天"再去做，可无数个现实中的遗憾故事告诉我们，谁也不知道明天和意外哪个先到来。

趁父母健在，多抽点时间陪陪他们；趁自己还年轻，多看看外面的世界；趁还有机会，多向爱人表达你的情意；趁还来得及，多去做自己喜欢的事情……时间是不等人的，别等到再没有能力和机会去做这些事的时候，才去后悔。活着的每一天都是特别的日子，都是弥足珍贵的日子。珍惜每一天，享受每一天，这才是应有的生活态度。

用心去感受过程里的美好

《羊皮卷》里记载过一个故事：

拉比看见一个人形色匆匆地赶路，就连忙把他叫住，问道："你这么着急，要去追赶什么呢？"这个人头也不回，气喘吁吁地说："我要赶上生活。"

拉比说："你怎么知道生活在前面呢？你拼命往前跑，一心想着追赶生活，可你怎么不看看四周围呢，问问自己的生活究竟在哪儿？或许，它正在你身后追赶你呢！只要你静下心去发现，它就能与你会合；可你现在越跑越快，是在拼命地逃离生活啊！"

生命是一种过程，把目的看得太重，就会错失人生的美妙过程。当我们坐上驶向目标的列车时，不该只是闭着眼睛睡觉，而是要把头扭向窗外，看看沿途的风景。最完美的，未必在路的尽头，有时候它就在我们眼前。

电影《人生遥控器》里的男主人公迈克尔·纽曼，得到了一个能够让人生快进的遥控器。迈克尔一心想着要晋升，他觉得有了这个遥控器便能如愿以偿。他利用遥控器，把晋升路上所有的杂事都快进了，把工作中的努力和困难也快进了，同时也快进了生命中那些日常的快乐，包括与妻子愉快相处的时光，他觉得只要和晋升没有关系的东西，都是多余的，都是浪费时间。

在周围的人看来，迈克尔是清醒的。然而，对于迈克尔本人来说，用这个遥控器的结果就是他自己被麻痹了，这种麻醉不同于手术中为了避免疼痛只是在几个小时内失去了知觉，而是让他一生都像打了麻药。这样的话，他可以避免经历任何过程。在他的心中，过程是达成目标的障碍，必须快进。可事实上，他根本就像是昏睡了一样，尽管表面上看起来清醒无比。

幸好，迈尔克最后意识到了自己的错误，并且得到了第二次选择的机会。这一次，他没有犯同样的错误，而是选择了认真体味自己的人生，不再快进任何情节。当然，这个选择也让他成了一个幸福并且成功的人。

电影终归是电影，可以人为地编造结局。可在现实中，忽略过程的人却没有那么幸运了，若只关注终极目标，错过了真正重要的一切，那么永远没有第二次重新选择的机会。

有个年轻人向一位德高望重的禅师请教："世间万物都是无常的，有形的东西终究会消失，那么世界上有永恒不变的真理吗？"

禅师听后，念了一句偈语："山花开似锦，涧水湛如蓝。"

年轻人似乎并未彻悟，疑惑着等着禅师的解释。

禅师笑道："山上开的花，美得和锦缎一样，但最终还是会凋谢，可它们没有因为这样的结局拒绝绽放；溪流深处的水，倒映出天的颜色，可溪面却始终静止不变。"

这一对句隐喻着生命的意义在于过程，而不是结果。纵然要面对不完美的结果，也要为了享受美丽的过程而努力。

泰戈尔说过："天空不留下鸟的痕迹，但我已飞过。"生命的意义不在于结果，而在于过程。活着的目的，就是尽情地享受人生，幸福不在于你达到了目的地，而是在于追求的本身及其过程。

丽莎开过饰品店，经营过美甲店，可惜效益都不太好。经济损失自然不用说，更难过的是心理上的打击和周围人的不理解。那些同龄的姑娘，都在忙着恋爱嫁人，只有她忙忙碌碌地没什么结果，过着漂浮不定的日子。

无论是朋友还是家人，都劝她老老实实地去上班，别再"瞎折腾"了。然而，不管别人说什么，丽莎都坚信，跌跌撞撞是生活路上再正常不过的事情。后来，她通过朋友的介绍，认识了一位服装厂商，专门做日系服装。有了好的货源，她自然不会轻易错过。她向父母借了点钱，便把精品女装店开了起来。由于店址选得好，衣服又很有特色，生意很快就红火了起来。

现在，丽莎已经有了两家店铺，年收入30多万。相较多数同龄的朋友而言，她也算得上小有成就了。没有谁再抨击她的选择了，反倒是夸她能干的声音多了起来。不过，她并未表现出多么得意，依然和过去一样，脸上带着淡淡的笑。

丽莎说："我只是想做出一点属于自己的事业，至于能不能成功，能做成什么样子，我没有想太多。有时候，想得太多了，太看重利益结果了，就会束缚手脚。倒不如，敞开心去做，成功并不是非要得到什么，而是享受追求成功的过程。"

当蝴蝶破茧而出时，我们都会惊艳它的美丽。只是，为了这份翩然起舞的美丽，经历了怎样的挣扎痛苦，唯有蝴蝶知道。蝴蝶的寿命短暂，可那段心酸的历程，却是对生命之美最有力的诠释。懂得"但行好事，莫问前程"的人，虽不刻意寻求怎样的结果，却终不会被生活辜负。有句话说得好："若是美好，叫作精彩；若是糟糕，叫作经历。"

过程，蕴含着痛苦、精彩和快乐，诠释着生命的真谛。享受过程的人，才是生活的智者；用心体会过程里的美好，才能享受到真正的乐趣。就算付出后仍没能抵达梦想中的港湾，但享受到了过程中的苦与乐，此生就是值得的，没有遗憾。

生命是由通往目标的过程中所经历的点滴组成，清醒而坦然地面对生命长卷，一步一个脚印地走完全程，感受路上所有的悲欢离合，把每一份心情都铭记于心，体验真实的百味人生。当我们能以这样淡然的心过完一辈子，谁又敢说我们的人生不精彩呢？

所有不开心都是对生命的辜负

据说,非洲有一个部落,婴儿刚生下来就"获得"60岁的寿命。随着婴儿的成长,他的年龄会逐年递减,直至0岁。他所有的人生大事,都要在这60年里完成,此后的岁月只需要颐养天年就行了。

多么独特的计岁方法,多么睿智的人生智慧啊!也许,在这个部落的人看来,生命就是从上天手中"借来"的一段岁月而已,过一年就要"还"一岁,直到生命终止。这种计岁方式往往会让人产生珍惜生命的紧迫感,觉得每一个不曾起舞的日子都是对生命的辜负。

我们呢?一方面感慨着年华逝去,一方面却又觉得日子还长,任由自己懈怠着、放纵着,还总沉浸在怨天尤人的情绪中,让时间一点点地从指缝里溜走。那些大好时光,全都蹉跎在了不开心的日子里。

由于家庭贫困且从小就有残疾,基尔总觉得人生索然无味。

一个晴朗的日子,基尔找到牧师,诉说自己的心事。牧师听完后,指着窗外一排高大的枫树,让基尔看那树木之间悬吊着的破旧的粗绳索,并说:"60年前,这儿的庄园主种下了这些树,并在树间牵拉了许多粗绳索。对于嫩弱的小树来说,这太残酷了,因为创伤是终生的。有些树面对残忍的现实,能与命运抗争;有些树消极地诅咒命运,结果就完全不同了。眼前这排粗壮的枫树,表面上看不出什么疤痕,但它们在成长的过程中,已经把绳索包进了树干里。这,真是一个奇迹!"

基尔沉默了,牧师看着他,继续说:"关于这些树,我想过很多。只有体内强大的生命力才可能战胜绳索带来的终生创伤,而不是毁掉自己宝贵的生命。对人来说,解忧的办法很多,痛苦的时候可以找人倾诉或找点事做;对待不幸,要有清醒客观的认识,尽量抛弃那些怨恨、嫉妒的情感负担。但有一点,是最重要的,也是最困难的,那就是你应当尽一切努力愉悦自己,真正地爱自己。"

散文大师张中行说过:"快不快乐,完全是由自己的想法决定。"

也许,命运和生活给了我们不同的磨难和考验,但这并不意味着我们要为此付出一生不幸福的代价。不要人为地去给快乐附加什么条件,诸如拥有了某个人,获得了多少财富。其实快乐没那么复杂,只要你想,此时此地,你就能哼着歌,让心灵翩翩起舞。

夏日的寺庙里,小和尚看着寺院里那片枯黄萎靡的草地对师父说:"师父啊,这片草地已经变得枯萎了,很难看,我们应该抓紧时间在这枯萎的草地上撒些草籽。"师父笑了笑,对他说:"随时!"

许多天过去了,师父还是没有种草的意思,小和尚着急,便去向师父索要草籽,师父将一包草籽交给他。小和尚拿着草籽去播撒。

可是,正当小和尚忙得不亦乐乎时,忽然大风四起,很多种子还没来得及撒便被大风吹走了,小和尚焦急地大喊起来:"师父,不好了,您给的草籽都被大风吹跑了。"

师父看到焦急的小和尚,说:"不要紧,那些被吹走的草籽,大多也是空的,即便种下也未必会发芽,还请徒儿随性一点,任它去吧!"

小和尚便返回草地,把还剩下的草籽播撒到枯萎的草地上。可是,刚刚撒完,一群麻雀成群结队地飞落在草地上,它们叽叽喳喳,不停地啄食着刚撒在地上的草籽。"哎呀!不好,这么多的麻雀,草籽非被它们吃光不可,这下如何是好啊!"小和尚被眼前的景象急恼得抓耳挠腮,忐忑不安。

师傅看着小和尚说:"不要紧,任它吃,我们再撒,徒儿随遇!"

鸟儿飞走了,他们又撒了一些草籽。不承想,是日夜晚,天上突然下起了倾盆大雨。次日清晨,小和尚一看凌乱的草地和那些被冲的草籽,冲进师父的禅房:"师父,太糟糕了,昨天的草籽被暴雨冲走了!"

正在打坐的师父听了后,微笑着对小和尚说:"冲到哪儿就让它在哪儿发芽吧!徒儿随缘!"

几天后,那枯死的草地上竟然冒出了许多嫩绿的草芽,就连没有播撒草籽的墙角也一片生机。小和尚高兴极了,赶紧跑去告诉师父。

师父点点头:"徒儿随喜!"

好一个"随喜",外物纷扰,我心随喜,可谓大智慧!当不了别人的主角,无法成为世界的主宰,却永远可以做自己生活和心情的主角,何苦非要强求别人恩赐的一点点快乐和幸福呢?苦也一日,乐也一日,外界丝毫不会为我所动,而心情完全可以为我所控。许多时候,不是外物打扰了你的快乐,而是你丢失了快乐的心。

未来的日子里,但请记住阿根廷诗人博尔赫斯的那首小诗——《此刻》:"就像那些人中间的一个,我会谨慎而丰富地活在我生命里的每一时刻。当然,我也会有许多欢乐的瞬间——可是,如果我能重新活着,我将试着只要那些好的瞬间。如果你不知道——怎样建造那样的生活,那就不要丢掉了现在!"

追逐日光，热爱当下的生活

一位英年早逝的富商，在生命的最后一天，看到窗外的广场上有一群孩子在捉蜻蜓。他对自己三个未成年的儿女说："你们也到那里给我捉几只蜻蜓吧，我有许多年没见过蜻蜓了。"

很快，大儿子就带了一只蜻蜓回来。富商问："怎么这么快就捉到了？"大儿子说："我用您给我买的遥控汽车换的。"富商点点头，面带笑意。

过了一会儿，二儿子也回来了，送给富商两只蜻蜓。富商问了同样的问题，小儿子的回答是："我用一块钱跟另一位小朋友租来的，要不是怕您着急，我还能用赛车换更多只蜻蜓呢！"

不久后，小女儿走了进来，只见她满头大汗，两手空空，衣服上沾满了尘土。富商问："孩子，你怎么弄成了这样？"女儿说："我捉了半天，一只蜻蜓也没捉到，就在地上玩起了赛车。要不是看见哥哥们都回来了，说不定我的赛车能撞上一只落在地上的蜻蜓。"富商笑了，眼里含着泪水。他摸着女儿挂满汗珠的脸蛋，把她搂在怀里。

第二天，富商离开了人世。妻子在他的床头发现了一张字条，上面写着："孩子们，我并不需要蜻蜓，我需要的是你们捉蜻蜓的乐趣。"

当生命走到了尽头，什么物质财富，什么房子车子，什么买卖生意，都变得轻如鸿毛了。对躺在病床上的富商来说，他哪里需要蜻蜓，他要的是再看看孩子们天真无邪的笑脸，他想留给孩子们的不只是金钱、物质，还有一份热爱生活的心态。或许，当孩子们有朝一日长大成人，再看到这张字条，回想起捉蜻蜓之事，方能体悟到父亲的用心良苦，以及他对生命的热情，在临终前还能够尽情享受每一分钟的洒脱与从容。

生命是极其美好的，处在平安健康中的人却时常忽略这一点，往往是那些真正与死神擦肩而过的人，才能豁然感悟到其中的真谛，更为珍惜生的每一天。就像海明威，在飞机失事、死里逃生后读到关于自己的讣告时说："一个人有生就有死，但只要你活着，就要以最好的方式活下去。"正因为他到达过死亡的边缘，体会过即将失去生命的惊恐，才掂出了生的分量。当我们平安地活着，享受着阳光和春风，自由地在世上行走，就该更加珍惜和热爱当下的生活。

那一年，尤金·奥凯利53岁，担任美国毕马威会计师事务所的董事长和首席执行官。事业蒸蒸日上，生活幸福美满，就在他规划着未来的生活时，一纸晚期脑瘤的判决，让他不得不提前和他所熟悉的、热爱的世界告别。医生说，他最多还能活半年。

原本想象中的光明未来，一下子被蒙上了阴影。在为生命争分夺秒的时刻，他拒绝了医生提出的化疗建议，也许那可能让他多活上几天或者几个月，却会让他身心俱疲，使得剩下的岁月变得更加风雨飘摇。他不要那样的生活，不要那样的自己，他要清醒而充实地度过短暂的余生，要尽情享受最后日子里的分分秒秒：追逐日光，活在当下。

处理好所有的法律和遗产问题后，他开始与自己的亲友们通最后一个电话，共进最后一顿晚餐，最后一次在公园散步，等等。每一段"最后的时光"，都让他更深地理解到生命的意义。从确诊到安然离世，整整107天，奥凯利在病魔面前捍卫了生命的尊严，在人生最后的旅程路上，写下了他的生命告白——《追逐日光》(又名《活在当下》)。这期间的每一天,他都是自己生活的主人。

奥凯利的遗孀科琳在提及他的生活姿态时,如是说道:"他尽量让不幸变为福祉,尽力去挖掘死亡的真义,步入更美好的境界,在他努力付出的背后写满鼓励与自信,他给他的公司、朋友和家人都留下了宝贵的礼物。虽然他留下我孤单一人在球场上追寻着阳光,但他早已帮我把球放在了球座上,静待我打出好球。"

与奥凯利相比,绝大多数人其实都是幸运的,因为还可以继续呼吸空气,陪伴家人,享受活着的美好;但从另一个角度说,绝大多数人又都是不幸的,因为没有过生命被宣判终止日期的体验,根本不知活着的分分秒秒是多么可贵,还在浑浑噩噩、痴嗔怨恨中度日。

法国思想家巴斯葛在《沉思录》中写道:"我们向来不曾把握现在;不是沉湎于过去,就是殷盼着未来;不是拼命设法抓住已经如风的往事,就是觉得时光的脚步太慢,拼命设法使未来早点来临。我们实在太傻,竟然流连于并不属于我们的时光,而忽视唯一真正属于我们的此刻。"

既明白生命的无常,我们就更应该好好地爱惜它,利用它,让生命在有限的长度里散发出最大的光亮。说到底,生命就是一场"惜福"的过程,热爱当下的每一刻,不要让时光白白流逝,才是最重要的。

学会享受平淡，珍惜平淡

仿佛就在一夜之间，那一句"生活不只是眼前的苟且，还有诗与远方"被多少热血青年奉为人生的座右铭。一颗颗不甘平庸的心，在现实的激荡中发出回响，似乎每个人都期盼着轰轰烈烈的人生，对按部就班、平平淡淡投以轻蔑与不屑，犹如审美疲劳产生的厌倦之感。

丰盛的生活固然值得向往，然而平平淡淡的日子也未必不堪。只不过置身于平淡安稳的生活中时，多数人感受不到这份珍贵。如果可能，去看看那些生活接二连三遭遇突变，或是一生历经无数沧桑的人，也许到那时你方才会明白，不是每个人都有机会说平淡是真。

满腔文艺情调的女孩琳娜，在大学刚毕业那两年极为不安生，生在北京的她，一心想到外面的世界看看，把"生活在远方"当成了一种向往。仿佛，只有在离家千里之外的地方，才能够实现所有的梦想。尽管那时的她，根本不知道梦想究竟为何物。

当周围的同龄人陆续进入职场站在了另一条起跑线上时，琳娜每天仍被母亲的唠叨声包围着。这些年，她早已厌烦了母亲的碎碎念，总觉着母意无法理解年轻人的世界，更走不进自己的心。她多渴望，能在一个陌生的环境里过着自由自在的生活。

就在琳娜还沉浸在无尽的幻想中时，突如其来的灾祸降临了，那一年她23岁。父亲在下夜班回来的路上，被一辆车撞了，性命保住了，但脊椎受到了严重的创伤，今后都无法再站起来了。本就不富裕的家，顿时失去了顶梁柱，母亲的笑声、唠叨声不见了，不是抽泣就是沉默，有时房间安静得让琳娜感到可怕。那一刻，她才意识到，那个愿意唠叨的妈妈其实是开心的，因为她对所唠叨的人和事还抱着希望；倘若心如死灰，便没有心思再开口说什么，无论是要事还是琐事。

母亲每天要给父亲按摩，伺候吃喝，洗大小便失禁后弄脏的衣裤。从前，琳娜看到跳广场舞的大妈们觉得很无聊，可如今她却满眼羡慕，至少她们还有这样一份心情，而母亲却很久没在人群中出现过了。

更糟糕的是经济上的问题。父亲出事后，肇事司机也不富裕，掏了部分医药费，象征性地赔付了一点钱，之后就再无能力补偿了。琳娜曾以为鲜花、红酒、诗词、远方才是生活，当遇到了这场灾难，她才知道生活原来有很多面。

渐渐地，周围人都说琳娜变了。过去那个天马行空的女孩，如今变得脚踏实地。她开始精心地做简历，找工作，几经周折，总算是在一家贸易公司落了脚。尽管工资并不高，但至少能维持家用，何况这只是刚开始，未来还有无限种可能。

几年以后，琳娜已是公司得力的骨干，薪资足以给自己和家人更好的生活。在时间的打磨下，母亲也接受了现实，阴沉的脸上逐渐多了笑容，并租下了小区附近的一个报刊亭，每天推着父亲一起去卖报纸、杂志。后来，母亲又开始卖饮料、简单的食品。收摊后，她把父亲安顿好，又会到广场上跳舞。

这一切就像是一个圆，兜兜转转一整圈，再次回到原点。日子看起来跟过去没什么两样，除了父亲的腿，但琳娜却觉得无比幸福。偶尔听到周围的同龄人抱怨生活无聊的时候，琳娜总会笑笑，仿佛看到了自己昔日的影子。她知道，最不起眼的平淡生活，其实是世间最奢侈的东西，不是每个人都有机会说平淡是真。

琳娜的内心深处，依然还保留着一份憧憬远方的情怀，但这份情怀不再是虚无缥缈的异想天开，也不再让她因为远方而厌倦现在。她比从前更懂得珍惜平凡的日子，不会因为某个特别的日子没有收到礼物而失落，也不会因为偶尔有些忙碌而闹心。在经历了父亲遭遇车祸的那件事后，她总算明白了一点：没有事情发生，本身就是一件好事。

当然，对此时的琳娜来说，她更庆幸的是，这场家庭灾难给了她迅速成长的机会。回想起最初的那段日子，她甚至不知道自己和母亲是怎样熬过来的，只晓得自己的内心有个信念：不能就这样下去，一定要让生活好起来。循着这一信念，她渐渐地扛起了这个家，把生活还原成从前的样子。如今日子依旧简单琐碎，却显得更真实、更动人，一切只因体味到了平淡是真的道理。

享受平淡，珍惜平淡，不是要舍弃对轰轰烈烈的追求，而是要懂得立足于现实去追寻梦想。太渴望辉煌、不屑于平淡的人，往往都会犯好高骛远的毛病，明知成功不可能一蹴而就，明知生活不可能瞬间逆转，却总无法静下心一步一个脚印地走好该走的路。我们还当明白，无论年轻时多么疯狂，有多少理想，最终都要归于平淡的长河中。

法国思想家罗曼·罗兰曾经说过："世上只有一种英雄主义，就是认清生活的真相后依然热爱生活。"无论生活怎样，我们都不必去抱怨。如果没有办法去远方，就成为一个用心生活的人，去发现和体味身边那些平凡而细微的美好；如果无法做出惊天动地的大事，那就成为一个平淡有趣的人，给可爱的孩子做好父母，给慈祥老人当好子女，给另一半简单幸福的生活。这也同样是丰盛的人生。

想去做什么事情，抓紧去做

我们总认为，这一刻没有完成的事情，还能留到明天或未来的某一天去做，一切都来得及。一次又一次，在拖延和等待中，许多人就这样稀里糊涂地走完了一生。待到想起来时，或是已无法挽回，或是再没有能力去做，空留懊悔和遗憾。

一个男生喜欢上了公司里的一位优秀的女同事。其实，论样貌、人品、才华，他哪方面都不差，可他就是不敢表达自己的爱意，总觉着自己配不上美丽的她。每天看到这位女同事，他都显得很紧张，心里像是有一头小鹿在乱撞，那种兴奋和不安交织的感觉，让他既感到甜蜜，又感到煎熬。偶尔，她请假或有事没来，他就像丢了魂一样，思绪万千，心中充满了挂念，饱受相思之苦。

后来，这位优秀的女同事被公司委派到另一个分公司去做负责人，男生再也不能每天看到她的身影了。此时，他才觉得有点后悔，责备自己没有早点开口。他买了一束鲜花飞快地跑到车站，可惜还是晚了一步，车已经走了。看着空空的车站，他不知道还有没有机会跟她当面表白，即便有机会表白，待到那时，她的身边是否有了另一个他呢？

还没有去做，就先给自己泄了气，让自卑拦住了表白的勇气。若是大胆地说出来，也许还有一丝希望；就算是被拒绝了，也还有机会继续追求；就算真的没有可能，至少努力试过了，没什么可遗憾的。这个世界上最懊恼的不是求而不得，而是未曾尝试就放弃，白白错过了摆在眼前的机会与可能。

女孩岑蓓一直有个心愿，就是到云南的大理去看看苍山洱海。读高中时，她安慰自己说："现在时间太紧张，没时间和心情玩，等考上大学再说吧！到那时，一定要好好享受生活。"上了大学后，她又开始发愁："父母供自己读书就够辛苦了，哪儿有多余的钱去旅行呢？现在就业形势这么严峻，还是得拼命学，待将来有了稳定的工作，拿着自己赚的钱去玩吧！"

参加工作后，岑蓓的日子过得更紧张了，周围的朋友开始谈婚论嫁，买车买房，她心里的不安全感和焦虑感，更是让她一刻都不敢停歇。她在想："现在需要买的东西太多，等日子安稳下来再去享受吧！"

一转眼，10年过去了，岑蓓也到了30岁的边缘。她的生活重心全是车子、房子、孩子、工作，那个彩云之南的梦至今也没实现。闺蜜调侃她说："不要告诉我，你打算等到退休再去玩，谁知道那时的你，还有没有足够的精力和体力呢？真想做一件事的话，你总能找到办法去做，有些事一直拖着，到最后往往就成了遗憾。"

"明日复明日，明日何其多？"总是期待明天才开始享受生活，那么很有可能一辈子都没法享受生活。其实，放松和享受生活需要那么多条件和理由吗？它最需要的，是拿出迈出第一步，抓住此时此刻的胆量和勇气。

我们总是期待明天会有时间，明天会有改变，然后任由日子一天天地过下去，却依然找不出时间。直到有一天自认为可以了，却无奈地发现已经走到了无可挽回的境地。记得毕淑敏写过一篇文章叫《女人什么时候开始享受》，里面有这样一段话——

"抱着婴儿，煮着牛奶，洗着衣物，女人用沾满肥皂的手抹抹头上的汗水说，现在孩子还小，等孩子长大了，我就可以好好享受享受了……孩子渐渐地大了，要上幼儿园。女人挽着孩子，买菜做饭，还要在工作上做得出色，女人忙得昏天黑地，忘记了日月星辰。不要紧，等孩子上了学就好了，松口气，就能享受了……她们不知道皱纹已爬上脸庞。"

  我们习惯对明天抱有太多的期待，把想做的事情一拖再拖，却忘了明天还有明天的事，还有和今天一样的不如意和制约条件。也许，真的到了明天，还会懊恼今天没有好好享受年轻的心情与生活。生活不会在将来的某一天突然发生奇迹般的转变，我们也不可能一下子变得事事如意，幸福无比。未来永远没有预想中那么完美，如诗如画，所以与其花时间等待那不可预知的未来，还不如好好把握现在。

  想去做什么，那就抓紧去做吧，别再把希望和行动寄托在未来的某一天。真实的生活，就是此时此地此身，没有所谓的"最好的时候"，绝好的时光就在此刻。只有紧紧抓住每一个现在，才会有无悔的将来。

平静不是避开喧嚣，
而是在心中修篱种菊

周围的世界是什么样子，
取决于我们是什么样子；
我们是什么样子，
取决于内心是什么样子。
有什么样的内心就有什么样的世界，
花费精力去抱怨环境，
逃避环境，
不如多花点心思来调整自己。
心对了，一切都对了。

生命还有什么，就去享受什么

一位瓷器收藏爱好者，费了好一番劲才买得一只明代官窑的瓷碗。对这件珍品，他爱不释手，每天都是看了又看，擦了又擦。有一天，他不小心失了手，瓷碗掉在地上摔得粉碎。他心疼坏了，此后的每天都望着那堆瓷碗的碎片茶饭不思，唉声叹气，人也变得憔悴起来。他的身体每况愈下，没过几年竟因病去世了。去世时，他的手里还紧紧地握着瓷碗的碎片。

失去心爱之物的痛苦不难理解，可惜到了生命的最后关头，他也未能明白覆水难收的道理。再怎么悲伤，也无法使破碎的古瓷碗恢复原样，与其唉声叹气，不如学会接纳和适应。毕竟，生命的乐趣与美好不只是一只瓷碗，还有更多值得去品味和感悟的东西。与其去留恋那些不在了的人事，不如去享受还剩下的东西。

已故的美国小说家布斯·塔金顿，曾经一度把这句话挂在嘴边："人生的任何事情，我都能忍受，除了一样，就是瞎眼，那是我永远也无法忍受的。"造化弄人，在他60多岁的时候，偏偏就遇上了自己最怕的事：他的视力减退，一只眼睛几乎丧失了全部的视力，另一只眼睛也濒临失明。

面对这样的局面，塔金顿是什么反应呢？或许，连他自己都没有想到，他竟然可以很开心地接受了这一事实，并且运用自己的幽默感来描绘身体的感觉。当那些最大的黑斑从眼前晃过时，他说："嘿，就是这些家伙，不知道今天天气那么好，它们要到哪儿去？"

当塔金顿彻底丧失视力后，他说："我发现我能承受我视力的丧失，就像一个人能承受别的事情一样。要是我五个感官全丧失了，我也知道我还能继续生活在我的思想里。"

为了恢复视力，塔金顿在一年内接受了12次手术。他知道，自己无法躲过动手术，唯一能够减轻痛苦的办法，就是痛痛快快地接受它。当他跟其他病人们在一起时，他还会努力说一些让大家开心的话。在手术的过程中，他总是安慰自己说："我是多么幸运啊，现代科技的发展，已经可以给眼睛这么精细的器官动手术了。"

常人在面对12次以上的手术，以及不见天日的生活时，恐怕很容易陷入沮丧和绝望中。但塔金顿却没有，他从中意识到，生命所能带给他的，没有什么是他力所不及且无法忍受的。所以，他选择了愉快地接纳，享受还可以享受的一切，哪怕是不够美好的东西。

人生充满了未知，没有谁能够预料到明天发生的事。如果明天是艳阳高照，我们自然乐意享受和煦的日光；但若是雨雪风霜，也该去笑着领略生命在凛冽中的坚强。当不幸发生时，就该有勇气去承受悲惨的命运。这种承受，不是沮丧地承认它的存在，而是相信自己可以带着伤痛获得更好的生活，成为命运的设计师。

米契尔曾是一个不幸的人，在一次意外事故中，他全身65%以上的皮肤都被烧坏了，整形手术做了16次。手术后的他，仍旧无法像正常人那样生活，他无法拿起叉子，无法打电话，甚至无法独自去厕所。庆幸的是，作为一名退役的海军陆战队员，部队的经历给了他顽强的意志力。他不觉得自己一辈子就这样了，而是坦荡地说："我完全能够掌握我的人生之船，我可以选择把目前的状况看成倒退或是一个起点。"

谁能够想象得到，6个月后，米契尔竟然可以开飞机了！他在科罗拉多州买了一幢房子、一架飞机，还有一间酒吧。他还跟两个朋友合资开设了一家公司，专门生产以木材为燃料的炉子，这家公司后来成为佛蒙特州第二大的私人企业。

生活刚刚起死回生，不幸却再次降临。在他开办公司后的第四年，他驾驶的飞机在起飞时掉回跑道，将其胸部的12条脊椎骨压得粉碎，腰部以下永远瘫痪！他也不能理解，为什么这样的事情总是发生在自己身上。但既然发生了，他也只能告诉自己：接受吧！

米契尔没有因为医生的话而沮丧，他努力让自己做到最大程度的独立自主，而后他被选为科罗拉多州孤峰顶镇的镇长，负责保护小镇的美景和环境，不让其因矿产的开采遭到破坏。再后来，他拿到了公共行政硕士学位，继续他的飞行、环保运动，以及为了竞选国会议员而开展的公共演说，还完成了自己的终身大事。

说起自己的遭遇，米契尔坦言："我瘫痪之前能做1万件事，现在我只能做9000件，我就把注意力放在我还能做的9000件事上。我的人生曾遭受过两次重大的挫折，但我没有把它们当成放弃努力的借口。或许，你们也可以用一个新的角度，来看待一些一直让你们裹足不前的经历。你可以退一步，想开一点，然后对自己说'没什么大不了的'。"

接受不能改变的，享受手中还拥有的；不去抱怨失去的，多想想未来还能创造的。生活于任何人来说都不是坦荡的，重要的是我们要在内心保持一股积极的力量。只有这样，才能昂首阔步地走向明天。

越是简单的生活，越容易快乐

日本作家川端康成的自杀事件，曾经一度成为舆论的焦点话题。

一切，还要从川端康成获得了诺贝尔文学奖说起。对于一位作家而言，能够得到诺贝尔文学奖，显然是对他自身价值的最大肯定与鼓舞，证明他多年来的专注与付出是有价值的。然而，在获奖以后，川端康成的烦恼也就来了。

他经常被官方、民间以及电视广告商等拉去各种场合，做各种活动。身为文人的他，不太擅长应酬，也不懂得推托，做事又很认真，不知道何为敷衍，所以经常陷入慌乱的重围中，不知道该怎么解脱。这些烦琐的与写作无关的事情，让他无法再集中精力写作，事业上也难以再有突破。他愈发忙碌，却也愈发焦虑和郁郁寡欢。

终于，他选择了最为极端的方式——自杀。有报道称，川端康成临终前，曾经为了筹措一笔经费心力交瘁，心情十分低落，这很可能是促使他厌世自杀的原因之一。回顾这件事，感慨颇多。倘若川端康成仍旧像过去那般，只在黑纸白字间宁静度岁，恐怕结局会不一样。

走出川端康成的世界，审视我们周围的人与事，一样会发现类似的情景。快节奏时代的来临，让人们措手不及，却又不得不很快适应，跟着它的脚步行走。很多人开始抱怨，生活忙乱，负担太重，承受不起。每天从睁开眼的那一刻起，就开始忙活，穿梭在几乎不变的时光里，为了不可多得的成功渐渐迷失。还有一些人，逃避思考，用一副忙碌的外表掩饰内心的迷乱和不安，浑浑噩噩，在浮躁的社会里，得过且过。

因为渴望拥有的太多，所以为了得到而忙碌；因为忙碌而少了时间去思索，所以开始变得盲目，看不清有多少负担是必须承受的，有多少是不必要的；因为内心已经盲目，所以走的道路也变得迷茫，太贪多，太求全，太急切，让自己顾此失彼。

美国作家梭罗曾经说过："我们的生命不应该置于琐碎之中，而应该尽量简单，尽量快乐。"过度繁杂的生活，总是会让人陷于无尽的痛苦中，往往是那些懂得独善其身、崇尚简约生活的人，才更能明白自己真正想要的是什么，并将生命最真实的状态呈现在生活中。

一个在业界算得上很成功的外国商人，一心想要更大地扩展商业版图，将生意做到太平洋的西岸。在前往西岸的考察途中，他跟合伙人突遇灾祸，被困在了太平洋中，沮丧而恐慌地在大海中漂流了21天，最后才得到救援，保住了性命。

经历了这件事后，商人就好像脱胎换骨了一样。他缩小了自己的贸易公司，开设了一家养老院，每天跟老人们在太阳底下喝咖啡、聊天、下棋、唱歌，笑声连连。

有人问他，为什么要这样做？他说："我从那次海上遇难的事情中，学到了最重要的一课，那就是，如果你有足够的新鲜水可以喝，有足够的食物可以吃，就绝不要再奢求任何事情了。"

当然，置身在现实中的我们，很难像经历过海上漂流、踩过生死边缘线的商人所讲的那样，只要求生活温饱就行了，但有一点可以肯定，对生活的苛求越少，越容易获得快乐。追求理想和成功没有错，但在适当的时候，也要尝试简单的生活。

何谓简单的生活？不是一贫如洗，也不是无所作为，而是还原生活的本真，体验自由、轻松和属于生命自身的意义。不想做的事情学会拒绝，不想交的朋友舍掉，不该赚的钱不要，不必忧思的事情放下，适当地放慢脚步，给生活多做减法，身心才会舒畅。

德川家康说过："人生不过是一场带着行李的旅行，我们只能不断向前走，并且沿途不断抛弃沉重的包袱。"如果希望人生旅程是快乐的，就要尽快放下身上的包袱，丢弃那些多余的负担，减掉那些"不值得"背负的东西。天使之所以能够飞翔，是因为她有轻盈的翅膀。当给翅膀附带上过多额外的重量时，她也就不能再飞向更远的地方了。

在人生的道路上，想要感受到心灵的轻松，就要使自己的生活简单一点，学会在人生各个阶段，定期卸下包袱，随时寻找减轻负担的方法。其实，当你用一种新的角度观察生活时，会发现许多简单的东西才是最美的，而许多美的东西正是那些最简单的事物。

别人怎么说，真的无关紧要

生活中的许多烦恼，不总来自做事的辛苦，也有一部分来自他人的眼光。尤其对敏感多思的人来说，别人的一个小小意见，一个不确定的眼神，都会扰乱他们的思绪。别人的看法，有那么重要吗？迎合别人的目光，真能让你走上一条正确的路，让你不留遗憾吗？

人生就是一连串的选择，每走几步都会遇见十字路口。置身在这里，有人徘徊，有人勇往直前，也有人倒退。立场不同，思想不同，选择也就不同。别人的判断都只是站在各自的角度表达出的观点，他们不代表你，也无法代表你。为了取悦他人，堵住悠悠之口，满足他人的价值观，走一条自己不想走的路，你的人生轨迹就会离初心越来越远。

林肯说过一句话："如果证明我是对的，那么人家怎么说我都无关紧要；如果证明我是错的，那么即使花十倍的力气来说我是对的，也没什么用。"除了你自己，没有谁可以决定你的路怎么走，只要心中有自己的方向，那么外界的目光和评议，真的无关紧要。

《修女也疯狂》的主演乌比·戈德堡，从小就是一个特立独行的人。她始终坚持自我，坦然面对来自他人的所有疑义和责难。

乌比·戈德堡成长的年代正值"嬉皮士"流行的时代，她住在环境颇为复杂的纽约市切尔西劳工区，经常打扮得怪模怪样，引来周围人的议论纷纷。她似乎一点儿也不介意，依然身穿大喇叭裤，顶着蓬蓬头，脸上涂满五颜六色的彩妆。

有一次，朋友因为她穿着破烂的吊带裤和漆染衬衫，说什么也不肯跟她一起逛街、看电影。就在这时，乌比·戈德堡的母亲走过来，出人意料地对她说："你可以去换一套衣服，然后变得跟其他人一样。如果你不想这么做，那你就要确定自己足够坚强，能够承受一切外界的嘲笑。你必须知道，你会因此而引来批评，你的情况会很糟糕，特立独行本来就不是一件容易的事情。"

乌比·戈德堡的内心大受鼓舞。她恍然间意识到，除了母亲，没有人会在一开始就对自己的"另类"存在方式给予理解，更不要说是鼓励和支持了。如果她为了朋友的目光而换掉今天的这身衣服，那么日后又要为多少人换多少次衣服呢？就是从那时起，乌比·戈德堡坚定了一个信念：就算面对再强大的压力，也不要为了别人的目光而改变自己，就要做一个和别人不一样的自己。

当她成名后，周围的评议声更多了，总有人疑惑不解或略带反感地说："她在这些场合为什么不穿高跟鞋，反而要穿红黄相间的跑步鞋？她为什么不穿小礼服？她为什么跟我们不一样？"无论怎样，最终人们还是接受了她的风格，关键是受了影响，学着她的样子梳起黑人细辫，因为她是那么与众不同，那么独有魅力。

不得不说，乌比·戈德堡的母亲是睿智且伟大的，她告诉自己的孩子，拒绝改变没有错，只是活得跟别人不一样必然要承受舆论压力。要活出自我，活得随性，就要有一颗博大而淡定的心，对自己应该理睬和不该理睬的事物了然于胸，不会为那些无足轻重的事情劳心费神。在棋盘上，往往是旁观者清，但在生命的长路中，却是谁走谁知道。每一个人生都是不同的棋盘，没有人可以把每一盘棋都下好，也没有人能准确地知道他人棋盘的样子，自己的路仍然是要自己的双脚去走出。

梦雅从传媒大学毕业后，顺利跟一家外企签约，迈进了白领大军中，省去了东奔西跑、四处求职的过程，工资待遇也还不错，这让周围的同学羡慕不已。可是，谁也没想到，当公司准备提升她的时候，她却提出了辞职，跟朋友去合伙创业做工作室了。

创业这件事，外人看着觉得光鲜亮丽，但个中滋味只有自己知道。她把手里的钱全都拿去投资，一年下来血本无归。白天她要自己联系客户，晚上还要写文案，跟设计师沟通。大家觉得她这么辛苦又赚不到钱，还不如踏踏实实打工，至少生活有保障。

面对周围人的不信任和猜疑，梦雅很少解释，她觉得自己选择的路没错。天道酬勤，靠着出色的广告创意，还有真诚服务的态度，梦雅的工作室给客户们带来了一连串的惊喜。渐渐地，她的工作室在业界有了点儿名气，找她合作的客户也越来越多。几年下来，她的工作室就从三五个人发展到了20个人，步入了正轨。

像梦雅这样的年轻创业者很多，但能够做成功的并不多。归根结底，就是在捉襟见肘的时候支撑不下去了，资金是一方面，更多的是承受不了心理上的压力。梦雅的勇敢，在于她坚持做自己认为对的事，有自己的生活方式和态度，没有因外界的阻挠而停下脚步。

生活如同穿衣，不能总是随着别人的目光而改变。大千世界里，每个人的喜好都不一样，想过的日子也不尽相同。若是内心没有坚定的立场，就会像无根的浮萍，随波逐流。不要把内心的满足寄托于别人的看法，而忽略自己内心真正想要的东西。将自己的生活置放在别人的标准和目光中，相对于短暂的人生而言，是一种悲哀和痛苦。

随物而喜，不如随心而乐

相传，古时有一位国王整日患得患失，身体一日不如一日，最终病倒在床榻之上。亲信大臣们请来了全国各地的名医为国王治病，可国王的病却丝毫不见好转。

一天，有一位颇通医术的得道高僧云游至这个国家，听说国王病得厉害，便想施以援手救他一命。高僧面见国王后，经过一番望闻问切，并没有发现国王身体的具体病症。但他从国王的言谈里，感受到了国王的患得患失，便说道："尊敬的国王陛下，您的病只有一样东西能救，那就是一个快乐的人的衬衫，穿上它，您的身体自然就会康复了。"

国王一听，觉得这太简单了，就派了两个亲信大臣去寻找一个快乐的人。

两个大臣首先想到了权倾朝野的宰相，觉得他一定是一个快乐的人，可宰相却说："我是一个快乐的人？外有邦患，内有权忧，我怎么能够快乐呢？你们还是另寻高贤吧！"

两位大臣又想到了富可敌国的巨商，而那位巨商却说："我成天担惊受怕，怕一着不慎顷刻破产，怕遭人妒忌受人迫害，两位试想我从哪里得来的快乐啊？"

他们又去寻找那些享有盛名的人，可是得到了同样不幸福、不快乐的回复。他们寻遍了整个国家，却始终找不到一个快乐的人。走得累了，他们就坐在街边歇息，恰好看到街角有一个又老又丑的乞丐，在那生了一堆柴火煮饭，还哼着曲。

见此，俩人赶紧过去与乞丐攀谈："老者，你看上去很快乐啊！"

"是啊，我很快乐！"老乞丐愉快地回答道。

听闻此言，两位大臣心想：真是踏破铁鞋无觅处，得来全不费工夫。连忙说道："老人家，能否高价借用一下你的衬衫呢？"

乞丐莫名其妙："你们看我身上有衬衫吗？"

不得已，两位大臣将老乞丐请到了国王面前，国王终于如梦初醒：乞丐一无所有尚能如此快乐，而自己贵为国王，又何必患得患失、郁郁寡欢呢？国王的心结解开了，病也日渐好了。

快乐这件事情，其实向来只唯心而不唯物，只是我们习惯把它和物质联系在一起。

曾有记者就"你最大的快乐是什么"这一问题问过许多人，李嘉诚的回答是"在不被人认出的情况下，独自悠闲地到公园去转一转"；比尔·盖茨的回答是"在不被别人打扰的情况下，同妻儿老小一起到小餐馆安静地吃顿饭"；戴安娜王妃则说"不需要刻意乔装打扮，没有记者盯梢，舒舒服服、自由自在地逛一逛商店"。

可见，盛名与巨富并没有赐予一个人更多的快乐，甚至剥夺了他们享受一个普通人随随便便就可以享受的快乐。

记得周国平有一篇寓言故事，名叫《白兔和月亮》，大意是讲：

有一只白兔，非常喜欢月亮那皎洁的光华。只要晚上有月亮出来，她都会快乐地在月光下的草地上玩耍，与朋友姐妹们嬉戏。她觉得月亮好美好美，非常想得到它，便祈求上苍，把月亮赐予它。

众神认为白兔的确是真心喜欢月亮，于是便向这只白兔宣布："从今以后，月亮就归你所有了，因为只有你是真心感受月亮带给你的快乐。"白兔听到这个消息，高兴得手舞足蹈。她每夜都从窝里爬出来守月、赏月。

渐渐地，白兔的心理开始发生变化了，她总是想："月亮是我的，千万不能被别人占有啊！"日复一日，白兔看着月亮时的心情不再如从前那般快乐了。月亏时，她的心便纠结如麻，仿佛遭到了抢劫一样；云遮月时，她又紧张得不得了，生怕云把她的月亮掳走。以前的闲适心情一扫而光，月亮也再不如从前那般美好了。

就像白兔一样，我们总是习惯性地把快乐寄于物质上，希望得到更多物质，否则就觉得生命有缺憾，难以感受快乐。可是，当拥有了更多物质时，难免又会出现新的苦恼。如此循环下去，一生都难有平静的日子。因为，想要的东西越多，就觉得越匮乏；越是得不到，越是焦急忙慌；越是考虑得多，就越容易忽略现在的美好。

托尔斯泰在《追求幸福的伊利亚斯》中，就诠释了幸福生活的真谛：

伊利亚斯夫妇出身贫寒，他们一心想要追求幸福，并努力营生，最终得到了大量的财富。可是好景不长，由于种种原因，富甲天下的伊利亚斯夫妇很快又遭遇了家道中落的浩劫，到了老年时，一贫如洗的他们只得去帮佣。唯一庆幸的是，他们乐天知命，没有怨声载道，而是在雇主家里过着安全踏实的日子。

对于生活的变故，他们是这样说的："当我们富有时，有许多事让我们操心，所以没有时间交谈，没有时间想到灵魂，没有时间向上苍祷告。我们忙碌又忙心，也常因浮躁而吵架。现在，我们清晨起来，会互相说几句恩爱的话，生活平静不争吵。我们只需要服侍主人，尽心为主人工作。我们工作回来，有晚餐可吃，有乳酒可喝，天冷有燃料可烧。我们有时间闲谈，有时间思考灵魂，也有时间祷告。50年来我们追求幸福，直到现在才找到。"

很多时候，少了物质的隔阂，人更容易感受到快乐。因为，内心不再向外追逐，而是回归了自然，回归了自己。身在五彩斑斓的世界里，我们理应努力追寻更好的生活，但是心不能被物质牵绊，唯有以出世之心做入世之事，才能品尝出生活的甘甜，享受到努力的意义。

在豁达中体味生活的幸福

美国作家哈瑞·爱默生曾经讲过这样一件事:

在美国科罗拉多州朗峰山坡上,躺着一棵大树的残躯。科学家说,这棵大树有400多年的历史。它发芽的时候,哥伦布刚刚在美洲登陆;它长到一半的时候,第一批移民刚来到美国。在它漫长的生命里,曾经被闪电击中过14次,经受过无数次狂风暴雨的袭击,可它却依然坚强地挺立着。

谁也没想到,就是这样一个顽强的生命,最终却被那些不起眼的甲虫毁掉了。那些小小的虫子,从大树的根部咬起,逐渐伤了它的元气。尽管甲虫的力气很小,但它们一刻不停地攻击着大树。最后,这棵不曾被岁月摧毁、不曾被雷电击倒、不曾被狂风暴雨吞噬的大树,却被只用两根手指就能轻易捏死的小甲虫啃倒了。

巨木的倒下,恰恰应了一句西方谚语:"如果不停地、一根根地往一头牛身上放稻草,最后总有一根会把牛压死。"我们都知道,并不是最后的一根稻草太重了,而是因为以前已经积累了很多的重量。

自然界的生物是这样,人的生活也是这样。很多时候,人与人之间的隔阂,往往都不是什么大的恩怨纠葛,而是源自一些鸡毛蒜皮的小事。当小矛盾得不到释怀,在心里慢慢淤积时,久而久之就成了"毒素"。

一位主妇收拾家务,准备把衣柜好好清理一番。在整理衣橱时,她发现衣柜底下有一个饼干盒，打开一看，里面装着很多信。那些信，都是她和丈夫恋爱时，丈夫写给她的情书。展开信纸，上面一行行熟悉又陌生的字句，至今读起来仍让她感到温暖与体贴。

她坐在沙发上，一口气把所有的信重读了一遍，大概有30多封。她的心里泛起涟漪，半天都不能平静。她的脑海里浮现出了当年恋爱时的情景，一幕一幕，记忆犹新。那时，她和丈夫都把对方视为最重要的人，言行很默契，都力求在对方面前展示自己最好的样子。

可是现在，他们的关系糟糕透了，甚至有点儿像陌路人，每天都没有什么交流。谁也说不清楚究竟出了什么问题，就只知道彼此都不开心，经常为了一些小事争执，有时干脆闹冷战，长时间都不搭理对方。

她越想心里越难受，希望和丈夫还能像从前那般默契、快乐。她想了想，拿出了纸和笔，开始给丈夫写信。她把所有的心事都写在纸上，写信的过程中，她的心很踏实，很安宁，这种久违的感觉让她觉得很舒服。信写完后，她长长地舒了一口气，脸上露出了满意的微笑，仿佛把过去积压的所有不快都倾倒了出来。

丈夫回来后，看到了桌子上的信。起初，他觉得很奇怪，但在看信的过程中，他不断醒悟，不断地沉淀内心。当他把信看完后，终于明白了妻子的用意，也开始反思俩人在婚后生活中的种种问题和矛盾。原来，根本没有一件事可以大到能放在台面上去说，全是鸡毛蒜皮、零零碎碎的小事，如果彼此都能豁达一点儿，不钻牛角尖，少说一两句，根本不会有后来的争吵和冷战。

还有一对相互搀扶走过50载春秋的夫妻，在金婚纪念日那天，向来宾们道出了他们的相处秘籍。女主人说："从我结婚那天起，我就准备列出他（丈夫）的10条错误，为了我们婚姻的幸福，我向自己承诺，每当他犯了这10条错误中的任何一条的时候，我都愿意原谅他。"

来宾们纷纷问道："那10条错误都有什么呀？"女主人回答说："老实告诉你们吧，50年来，我始终没有把这10条错误具体地列出来。每当我丈夫做错了事，让我气得直跳脚的时候，我都会对自己说，算他运气好吧，他犯的是我可以原谅的那10条错误中的一条。"

生活中的多数烦恼，都是源自微不足道的小事，或者说是来自对身边一些琐事的过分在意。要想平淡的生活时刻充满幸福，就要有一颗豁达的心，把一切琐碎的心事放下，对别人的错误多点宽容，把不必要的怨气挡在心门之外。

法国作家莫鲁瓦早就告诫过世人："我们常常被一些应当迅速忘掉的微不足道的小事干扰而失去理智，我们活在这个世界上只有几十个年头，然而我们却为纠缠无聊琐事，而白白浪费了许多宝贵的时光。"

无论何时，这句话都值得深省。对待生活，对待人事，真的不能太小心眼，一旦养成锱铢必较的毛病，时间久了，许多小烦恼都会变成大烦恼，许多小事都会升级为恶战。豁达一点儿，糊涂一点儿，不要对别人说的每句话都细细琢磨，也不要对别人的过错加倍地抱怨、指责，更不要曲解和夸大外来的信息。如此狭隘地活着，就是在给自己建造可怕的心灵监狱，也会让周围的人感到很无奈。

小事上糊涂一点儿，不是逃避现实，也不是麻木不仁，更不是对什么都冷若冰霜，而是一种洒脱、豁达的生活智慧。没有琐事的牵绊和缠绕，不为小事而争吵拌嘴，才会有更多的精力去专注于该做的事、值得做的事，享受生活中美好的部分。

排除一切杂念，宁静以致远

生活似乎总是这样，越想要什么，最后越是事与愿违。你爱上一个人，因为过于喜欢，就不顾一切地去追求，结果这阵势往往吓跑了对方；你疯狂地想获得成功，却被过于炙热的欲望堵住了双耳，听不到成功敲门的声音。

为什么会这样呢？或许，在追问原因时，很多人都忘了诸葛亮在《诫子书》中说过的一句话："非淡泊无以明志，非宁静无以致远。"当一个人失去了心灵的宁静，无论他追求的东西是什么，最终都会带来痛苦的折磨。

我们一直都在苦苦追寻心安的秘籍，奋力捕捉成功的机遇。但幸福敲门的声音往往是轻轻的，只有怀着一颗浮华散尽之后的宁静之心，才能听得见它的召唤。唯有让浮躁的心情沉寂下来，让焦虑的头脑平静下来，让纷杂的思绪舒缓下来，排除一切杂念，才能够在喧嚣中求得宁静，简单笃定地做好该做的事，收获水到渠成的结果。

一位朋友讲到，自己每次咳嗽时，母亲都会给她泡点陈皮茶。长大后，她离家在外，橘皮也留下来晒干，学着母亲的样子来做陈皮，但味道却总是淡淡的。后来，母亲告诉她："光晒干是不行的，陈皮至少要经过三蒸三晒。"

她这才了解到，原来母亲做的陈皮，有些是存储了十几年的，且经历了一道道烦琐的工序：买来成熟的橘子，泡泡盐水，细细刷掉皮上打的蜡，等水干了，剥皮，摆造型，白瓤冲上，选个通风、光照好的地方晒干。干橘子皮入蒸锅，水开后蒸上十几分钟，等蒸透的橘子皮再次晾干以后，再蒸，再晒。如此循环三次，橘子皮颜色便逐渐变红，掰下一小块尝尝，辛香之余，还带有一丝甜味。之后，密封收藏，等它慢慢发酵。

传授了做陈皮的技艺后，母亲不禁感慨："只要路子正，耐得住，等得过，没有干不成的……"她知道，母亲是嫌她做事太浮躁，借此给她讲讲道理。回想起母亲的人生路，她也的确自愧不如，并深深佩服。

母亲是工科的大学生，20世纪80年代毕业，被分配到小小的农机研究所工作。当时，母亲每天都要下车间跟师傅学习，一套动作天天重复，着实有点枯燥。其他人厌烦松懈的时候，母亲开始研究机器的操作、保养、维修，每天穿着沾满油污的工装，心无旁骛地围着机器打转。

慢慢地，母亲成了单位里的知名人物，机器的保养、检修都交给了她，再往后改装升级她也插得上话了，老师傅退休，她顶上位置，手下开始有了徒弟。干得好了，资历够了，自然有升迁的机会，跟母亲一起提名的还有一位卢工。最后，技艺不精湛的卢工靠着走后门，当上了科长。母亲冷眼看着他春风得意，但并不懊恼，而是一门心思钻研技术，写论文。她坚信技术学到手，永远都是自己的。

十几年后，研究所已经盛不下人们的热情，母亲的搭档办了内退，徒弟也活动着停薪留职，大家似乎在一夜之间找到了各种致富的门路。徒弟临走前劝她："师父，发展才是硬道理，死守在这里有什么前途？"母亲不管别人怎样，她只知道有新技术要钻，有老设备要改。当徒弟开着新买的车回来看她时，她只是笑笑。时间从身边不断地流走，她却安安静静地做着自己喜欢的事儿。

再后来，母亲的名字开始频频出现在报纸、新闻上，遇到技术难题，大家都会想到请教她，徒弟红着脸来过两次，她全力帮忙，绝口不提过去的事儿。从徒弟那里，她也听说了过去的同事的一些消息：卢工仗着钻营的本事，中饱私囊，最后锒铛入狱；刘工被人抓住论文作假、剽窃、编造假数据，成了人人唾弃的骗子，身败名裂。

母亲跟她说："我挺庆幸自己一直没改初衷。"此时，她和母亲坐在屋子里，闻着陈皮散发的清香。她恍然觉得，母亲的人生就像是陈皮的制作过程。她在磨炼中坚持，逐渐褪去稚嫩，变得沉稳而平静；面对那些功利的诱惑、扰乱人心的杂质，始终都未动摇。再想，陈皮的蜕变无法依靠外力，只能静静地在漫长的时光中发酵，如同人在这世间行走，满眼皆是过客，唯有坚守本心，与己相对，方可经得起平淡的流年，慢慢散发出越来越甘醇的芬芳。

再次离家的时候，她向母亲告别，抱着一罐上好的陈皮。在未来的人生路上，她要像母亲一样，像陈皮一样，在宁静中获取力量，品味陈酿的幸福。

宁静是一种境界，也是一种态度。身在五彩斑斓、充斥名利的世界中，要保持宁静，不必离群索居，因为真正的宁静来自内心。与其去做孤云野鹤，不如保持静若止水；与其避开喧嚣，不如在心中修篱种菊。怀着一颗平常心，寻找一份心旷神怡的安静，在纷繁复杂中澄清自我，安然笃定地坚持，才能收获长远的幸福与成功。

内心越知足，生活越富足

多数人都听过"贪心不足蛇吞象"这句话，但这个典故，未必人人皆知。

相传，古时有一个名叫"象"的人，家里的日子很清贫，经常食不果腹。为了维持生计，象每天都要到后山去砍柴，然后卖给邻居们，获得一些微薄的收入。

又是一年飘雪时，天气冷得刺骨，可是象还是要跟往常一样到后山砍柴。走在上山的路上时，他突然发现一棵树下躺着一条冻僵了的蛇。看到蛇可怜的样子，起了恻隐之心的象就把它带回了家，放在屋子里最暖和的地方。

没过多久，蛇醒了。它很感激象的救命之恩，就答应象说，愿意帮他实现任何愿望。象欣喜若狂，觉得自己获得了至宝。接下来的一段时间里，象要求每天都能有简单的衣食，蛇都满足了他。

后来的一天，象所在的国家的统治者生了重病，需要以蛇的眼睛作为药引。于是，国王下旨悬赏寻找蛇眼，承诺谁若能够找到蛇眼，便以百两黄金作为奖赏。象也看到了这则通告，他立刻想到了自己救过的那条蛇，心想：既然我是它的救命恩人，它应该不会拒绝吧？

象找到蛇，如实说明了自己的来意。没想到，蛇竟然连一点犹豫都没有，就答应了象的要求。它忍痛取下自己的一只眼睛，把它交给了象。象高兴地去了王宫，把它献给了国王。国王的病很快就好了起来，而象也得到了百两黄金，还被封为高官。

从此，象的生活发生了翻天覆地的变化，如同从"地狱"升至了"天堂"。当他享受着荣华富贵、锦衣玉食的生活时，国王最心爱的小公主又病了，太医说需要蛇的肝脏来入药，方可医好。国王再次下旨，承诺谁若能够找到蛇的肝脏，就能被招为驸马。

象再次去找蛇。蛇很大方，张开嘴，让象拿着刀子爬进去割下一块蛇肝。蛇肝治好了公主的病，象成了人人羡慕的驸马。象以为，从此就能安享荣华了。可不久后的一天，国王却对他说："蛇肝真是个好东西，如果平时也能够吃一点儿，说不定还能强身健体呢！驸马啊，你每次都能帮我达成心愿，这次一定也不例外吧？"

为了讨好国王，象再次找到蛇。蛇依然没有拒绝，张开嘴，让象爬了进去。这一次，象进去后想多割一些下来。结果，蛇太疼了，一下子昏了过去，嘴巴也合上了。结果，象就被闷死在了蛇的肚子里，自此也就有了"贪心不足蛇吞象"的典故。

现实中，每个人都会有一些需求和欲望，但这种需求和欲望当适可而止。若是总想着什么都拥有，不懂知足和感恩，最后往往什么都得不到。就像《老子》中所言："祸莫大于不知足，咎莫大于欲得。"这个世界上，没有什么灾祸比不知满足更大的，也没有什么比贪得无厌更严重的。

某繁华街区的一家精品时装店里，店长一边给熟络的朋友拿衣服试穿，一边愤愤不平地发着牢骚。她埋怨店面的租金太贵，钱越来越难赚，孩子的开销太大，老人经常生病跑医院，自己的胃口也总是不好……听她这样说，顾客们都以为，她的日子过得很艰难。其实呢？她住着复式的房子，孩子上的是贵族学校，老人看病有医保报销，只是偶尔让她开车接送一下。至于胃口不好,其实是因为她不久前在麻将桌上输了一万块钱。

　　隔壁的西餐厅里,一位穿戴整洁、雍容大方的女顾客,静坐在柜台上喝茶。她的一颦一笑,都让人觉得仪态万千。旁边座位上的两个年轻女孩,看着这位优雅的中年女士,心里充满了羡慕。她们窃窃私语,说有钱就是好,永远都能那么光鲜亮丽。她们全然不知,那位优雅的女人不是什么阔太太,她和丈夫都是普通的工薪族,上有老下有小,日子一直都在算计着过。她向来都懂得知足,哪怕只是在生日的这一天,自己到西餐厅喝杯咖啡,享受一下安静的时光,她也能幸福上好几天。

　　两种人,两种不同的生活状态,两种截然相反的心情。一个因不懂感恩而愤愤不平,尖酸刻薄;一个因知足而心宽优雅,精致有味。前者只会被烦乱的情绪纠缠不休,懊恼、沮丧,甚至暴怒,后者却可以在繁华中守住自己的清幽。生活,少一点贪欲,多一点知足,懂得适可而止,便能怡然自得。

　　所谓知足,就是知道"足"与"不足"的区别,懂得"够用就好"的道理。懂得知足的人,奉行的是"知不可行而不行";不知足的人,向来都是"可行而必行之"。所以,有人一把躺椅、一杯清茶、一本好书,就能品出幸福的味道;有人住上别墅,开上跑车,名利双收,却依然眉头不展。

　　诚然,每个人都希望生活、工作的条件好一些,但想归想,未必都能实现。在哪怕小小的心愿都无法实现的时候,就要学会承认和接受现实,珍惜自己所拥有的,知足知止,而不是偏执地非要占有。

　　喜欢一件东西,不一定要得到它。为了得到这件东西,殚精竭虑,费尽心机,甚至不择手段走向极端,这样的得到其实就是失去,为之所付出的代价是所得到的东西无法弥补的。为了强求一件东西,让自己的身心疲惫不堪,实在不划算。况且,很多东西只是在欲望的美饰下,才变得无限美好，一旦得到了，日子久了，可能就会觉得它不如想象中那么好，再回首自己失去和放弃的，却发现那才是弥足珍贵的。

懂得知足才会常乐，不想占有就不会辗转难眠。无论是喜欢一件东西，还是喜欢一个位置，与其让自己负累，倒不如轻松面对，就算有一天放弃或离开，也能够平静处之。当你养成一种"有很好，没有也没关系"的思维习惯时，你会感觉生活如释重负，自己也活得更轻盈，更从容了。

换一个环境，不如换一份心情

当整个人被烦闷笼罩时，我们总会把矛头指向外面的世界和周围的人，认为是尘世中的纷纷扰扰给自己带来了困惑，恨不得在某一时刻能彻底远离人群，到清静之处寻一份心安。殊不知，真正问题不在于他人，而在于自己。

一个刚刚大学毕业的男生，不过20岁出头，却总是一脸忧郁，为许多事犯愁。他嫌弃自己太矮，害怕给人留下不好的印象，不喜欢眼下的状态，无法静下心来读书或做事……几经考虑，他决定到西藏旅行，想借助环境的改变让自己获得"新生"。

临走时，身为大学教授的父亲给了他一封信，并告诉他到了西藏后再打开。

男孩坐着火车一路颠簸到了西藏，本以为心灵会得到净化，却不料比在家的时候更难受，那种无人分享的落寞，一次次地侵蚀他的内心。

他从背包里拿出父亲写的信，带着好奇和期望小心翼翼地拆开，信纸上是他再熟悉不过的隽秀字迹，赫然写道：

"儿子，你现在离家有4000多里，但你并没有觉得有什么不一样，对不对？我知道，你不会觉得有什么不同，因为你还带着所有麻烦的根源，那就是你自己。一个人心里想什么，就会成为什么样子。当你明白这个道理时，你就彻底好了。"

拿破仑曾说："我是自己最大的敌人，也是自己不幸命运的根源。"

周围的世界是什么样子，取决于我们是什么样子；我们是什么样子，取决于内心是什么样子。张德芬说过一句话："亲爱的，外面没有别人，只有你自己。"有什么样的内心就有什么样的世界，花费精力去抱怨世界，逃避环境，不如多花点心思来调整自己。

苏格拉底单身时，和几个朋友一起住在一间七八平方米的小屋里。见他总是乐呵呵的，有人问他："和那么多人挤在一起，有什么可高兴的？"苏格拉底说："朋友们住在一起，随时能交流思想、感情，不值得高兴吗？"

后来，朋友们陆续成了家，先后搬走了，就剩下苏格拉底一个人，可他每天依然乐呵呵的。又有人问他："你孤孤单单地在这里住着，有什么可高兴的？"他说："我有很多书，每本书都是一位老师，和这些老师在一起，随时请教，怎能不令人高兴？"

几年后，苏格拉底也成了家，搬进大楼，住在一楼，其乐融融。有人问他："楼上总是掉下来东西，你住在这里，怎么还能这么开心？"他说："一层很好啊，进门就是家，搬东西方便，还能在空地上养花、种草。"

又过了一年，苏格拉底把一楼让给了一位偏瘫的老人，自己搬到了顶楼，可他还是很开心。朋友问他："住顶楼有什么好的？"他说："好处多着咧！每天上下楼几次，有利于身体健康；看书、写文章光线好；没人在头顶上干扰，白天夜里都安静。"

再后来，有人遇到苏格拉底的学生柏拉图，问他："你的老师总是那么快乐，可我觉得，他所处的环境并不那么好呀？"柏拉图说："你不能控制他人，但你可以掌握自己；你不能左右天气，但你可以改变心情；你不能选择容貌，但你可以展现笑容。决定一个人心情的不是环境，而是心境。"

  一个女孩为了逃离失恋的痛苦，离开了生活已久的城市，只身去了伦敦。对她来说，那座城市充满了悲伤，每条街道都能让她想起那个挥不去的身影，空气里写满了她与他的悲剧。

  然而，伦敦的生活并没有让她变得开心。在这个陌生的国度，没有亲人，没有朋友，没有依靠，这里的一切对于她来说都是新鲜的，唯有一颗心还载满了曾经的故事。风吹着她的披肩和鬈发，她觉得自己如此冷，如此孤寂。除了忙碌的工作和生活，她一无所有，白天繁忙琐碎的事务令她感到疲倦，却无法在夜里让她安然入眠。

  直到有一天，她病倒了。躺在病床上的她，第一次感觉到了绝望。她原以为悄然离开就可以让自己避免受到的伤害，重新找到生活的乐趣，可是现在她发现生活变得比过去更加糟糕。这一场病痛让女孩醒悟了：她来到伦敦只不过是逃离了伤感的故地，但她的心却依然停留在过去，所以她的痛苦一点也没有减少。

  想通了这一切，她在病好之后又回到了国内那座熟悉的城市。她的心情变了，不再觉得那座城市充满伤感，那美丽的夜景反而让她感到亲切和美好。她也终于明白，只要心里放下了过去，不管人在哪里都一样可以重新开始。

  兰芝生于深林，不以无人而不芳。如若心中有春天，则所见无不是花，所思无不是月；如若胸中有阳光，则狂风暴雨也有情，冰冻雪霜亦多姿。人生在世，谁都不可避免地要遭遇顺、逆境，无论处在怎样的环境中，都当努力保持一份好的心境，让自己有能力和心气去改善所处的境遇。只要心对了，一切都会随之朝着好的方向发展。

慷慨地与人分享，你也会快乐

美国一位富有的女企业家，在亚特兰大城外修建了一座花园。花园很大、很漂亮，吸引了众多游客，他们毫无顾忌地跑到这座私人花园里游玩。年轻的男女在草坪上跳舞，孩子们钻进花丛里捉蝴蝶，老人在池塘边钓鱼，还有人在花园里搭起帐篷，准备在这里度过盛夏之夜。

女企业家站在窗前，看着这群快乐的人，看着他们在自己的园子里尽情地唱歌、跳舞，心里非常生气，有一种被人侵犯领地的感觉。她让仆人们在花园门外挂了一块牌子，上面写着：私人花园，未经允许，请勿入内。

这办法似乎一点都不奏效，那些人就像是没看到一样，依然成群结队地到花园里玩。女企业家只好让仆人去阻拦，没想到，游客们竟与仆人发生了争执，还拆走了花园的篱笆墙。

后来，女企业家想出了一个好办法，她让仆人把那块牌子取下来，换上了一个新牌子，上面写着：欢迎你们来此游玩，为了安全起见，本园的主人特别提醒大家，花园的草丛中有一条毒蛇。如果哪位不慎被蛇咬伤，请在半小时内采取紧急救治措施，否则性命难保。最后提醒大家，离此地最近的一家医院在威尔镇，驱车大约50分钟即到。

果然，贪玩的游客看到这块牌子后，都对这座花园望而却步了。几年后，这座花园因为走动的人太少，真的杂草丛生、毒蛇横行，几乎荒芜了。孤独的女企业家天天守着自己的大花园，竟怀念起当初满是游客玩耍时的热闹情景了。

许多人吝啬给予，在把自己的东西拿出来与人分享前，总会先考虑对自己有没有实际的利益。倘若看不到可观的利益，就会觉得这样的给予是吃亏。殊不知，世界上有些回报和收获是无形的，无法用眼睛看到的，只能用心去感受。

美国连锁熟食店铺Zingerman's的创始人曾在密歇根大学春季毕业典礼上说过这样一番话："快乐是人类最深刻的体验。慷慨令人快乐，就是这么简单。当你完成大学4年所有要做的事情离开大学以后，希望大家不要仅仅通过自己的所得所取来衡量成功，而是更关心自己曾为别人付出过什么。我相信慷慨大方的人才能获得快乐。"

那是一个阳光温暖的午后，来自大洋彼岸的金发女孩玛利亚到偏远而清苦的山村体验生活，面对着眼前的荒瘠景象，她感叹这里的生活实在太穷困。忽然，她的目光被一棵老树下静坐的白发老妇人吸引了过去。

老人穿着简单，微眯着眼睛，一脸慈祥地跟一个小男孩说着话。玛利亚好奇地停下了脚步，她听到老人在让小男孩猜字谜："一人本姓王，怀里揣着两块糖。"小男孩显然以前听过这个字谜，立刻回答说："金。"老人笑了，从衣兜里掏出两块水果糖，一块递给小男孩，一块送到自己嘴里。两个人快乐地吃着水果糖，似乎正享受着无尽的幸福。

玛利亚羡慕地望着那一老一小，脑海里浮现出祖母的那栋漂亮的花园别墅。她也经常邀请孩子们和她一起分享糖果，给他们讲故事，院子里经常发出爽朗的笑声。玛利亚觉得，幸福这件事无关贫富，无关境遇，哪怕只是怀里揣着两块糖，一块慷慨地赠人，一块留给自己慢慢品尝，也会有真实的快乐涌现出来。

就是那两张淳朴的笑脸，还有分享那两块糖的情景，让玛利亚决定留在这个山村，做一名志愿者。后来，她跟村里人一起劳动，给村里的孩子们上课，还帮着山村招商引资，办起了山产品加工厂，让村民们一天天富裕了起来。村民们说玛利亚是"幸福天使"，而她却笑着说自己只是跟大家分享了兜里的两块糖。她还要感激村民，是他们让她发现自己还能够做那么多的事，感受到前所未有的快乐。

印度有一句古谚："赠人玫瑰之手，经久犹有余香。"给予别人需要的，接受者会为之感动，自己的心灵也能得到洗礼。就像美国作家欧·亨利的著名短篇小说《麦琪的礼物》中的那对年轻夫妇，一个剪掉了头发，换来了一个表链；一个卖掉了金表，买了一套发梳。他们互赠的礼物都变成了最无用的东西，但他们却得到了世界上最珍贵的爱，这就足够了。因为给予，他们快乐着。

活着的意义，不是我能得到多少，而是我能给予多少。新东方总裁俞敏洪曾经对分享和给予这件事做过一个比喻，他说，如果你有6个苹果，留下1个，另外5个送给别人。也许，你在跟别人分享的时候，不知道对方会给予你什么，但你一定要给。因为别人分享了你的苹果，当他有了橘子，他也会给你。因为，他记得你给过他一个苹果。也许，你最后拥有的水果数量并没有增加，仍然是6个，但你要知道，你得到的是6种不同的水果。事实上，你得到的远比之前拥有的更多。

不要吝啬地说"我一无所有，拿什么分享"。人生在世，值得分享的东西很多，未必一定要是金钱和物质，你的经验、爱心、善良、友情，都是能拿出来与人分享的。也许，普通的我们无法做出伟大而惊天的创举，但只要善待身边的每个人，妥善处理周边的每件事，以慷慨的心解读生活，这样的人生也是很有趣的。